ÉCONOMIE RURALE

DU

DÉPARTEMENT DE MAINE ET LOIRE

suivie d'une 2ᵉ édition augmentée

DES

ÉTUDES ORNITHOLOGIQUES

par

M. CH. GIRAUD

ancien député, ancien membre du Conseil général
de Maine et Loire.

ANGERS

IMPRIMERIE DE COSNIER ET LACHÈSE

1862

ÉCONOMIE RURALE

DU DÉPARTEMENT DE MAINE ET LOIRE

suivie d'une 2e édition augmentée

DES ÉTUDES ORNITHOLOGIQUES

Angers, imp. Cosnier et Lachese.

ÉCONOMIE RURALE

DU

DÉPARTEMENT DE MAINE ET LOIRE

suivie d'une 2ᵉ édition augmentée

DES

ÉTUDES ORNITHOLOGIQUES

par

M, CH. GIRAUD

Ancien député, ancien membre du Conseil général
de Maine et Loire.

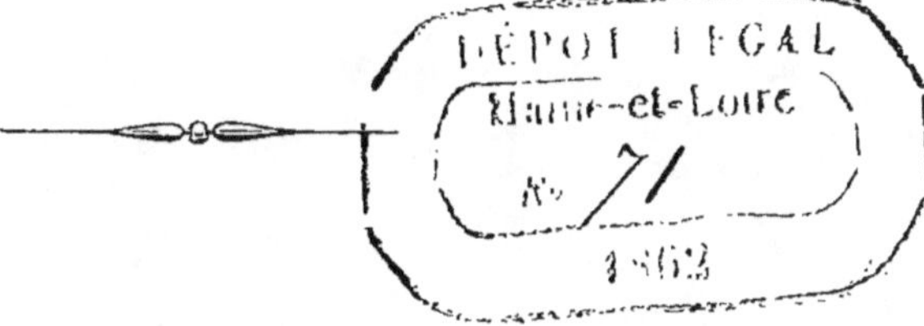

ANGERS

IMPRIMERIE DE COSNIER ET LACHÈSE

1862

ÉCONOMIE RURALE

ÉCONOMIE RURALE

DU

DÉPARTEMENT DE MAINE ET LOIRE.

Le département de Maine et Loire a déjà été un sujet d'études, de la part des géologues et des naturalistes. Nous possédons, je crois, quatre statistiques, savoir : trois statistiques géologiques, une de M. Cacarrié, ingénieur des mines, une de M. Millet, une troisième de M. Desvaux, l'un et l'autre savants naturalistes, enfin la quatrième s'étendant à un plus grand nombre de matières, de M. de Beauregard, ancien président de chambre à la cour d'appel d'Angers.

L'étude que nous nous sommes proposée est limitée, elle se rapporte à un seul objet; ce n'est point à proprement parler une statistique, mais un exposé aussi fidèle qu'il nous sera possible de le faire, de notre situation agricole; et en cela, nous devons le dire, elle se rapproche de l'ouvrage de M. Millet, *sur l'État actuel de l'agriculture* dans le département de Maine et Loire, publié en 1856 : ouvrage consciencieux, rempli d'utiles et judicieuses observations, et qui plus d'une fois, nous a guidé dans quelques-unes de nos recherches.

CONSIDÉRATIONS PRÉLIMINAIRES.

Nous la ferons précéder d'un petit nombre de considérations générales, connues de tout le monde, mais qu'il importe cependant de rappeler : je ne puis mieux faire que de les extraire des ouvrages de mes devanciers.

Le département de Maine et Loire est formé de la presque totalité de l'ancienne province d'Anjou; il est compris entre le 46° 59' et 47° 47' de latitude, et entre les 2° 6' et 3° 4' de longitude à l'occident du méridien de Paris; il tire son nom de la Loire, qui le traverse de l'Est à l'Ouest, et de la Maine, rivière formée par la réunion du Loir, de la

Sarthe et de la Mayenne, dont le cours n'est que d'environ 10 kilomètres, de l'île Saint-Aubin à la Pointe, où elle se jette dans la Loire. Malgré sa brièveté, cette rivière résumant en quelque sorte les trois principaux cours d'eau de la contrée, mérite de figurer dans le nom donné au département.

Les limites des départements sont au nord le département de la Mayenne et de la Sarthe, à l'est ceux d'Indre-et-Loire et de la Vienne, au sud, ceux des Deux-Sèvres et de la Vendée, à l'ouest, celui de la Loire-Inférieure.

La superficie totale du département est de 712,562 hectares, divisés ainsi qu'il suit :

Arrondissement d'Angers......... 155,951 hect.
    —   de Baugé........ 140,629
    —   de Cholet 161,786
    —   de Saumur 137,958
    —   de Segré 116,238
                                    712,562

Cette superficie se répartissait par nature de culture comme il suit dans les années 1845 et 1846.

Terres arables............ .... 448,892 hect.
Prés........................... 81,700
Vignes 30,350

Bois et futaies 55,914
Jardins, vergers, pépinières 8,703
Oseraies, aulnais, luisettes 851
Landes, bruyères, pâtis 47,082
Etangs, abreuvoirs, marais 2,146
Superficie des propriétés bâties . . 5,600
Terres diverses 9,324
Rivières, ruisseaux 8,910
Routes, places publiques, rues . . . 19,528
Forêts, domaines 1,049
Cimetières, églises, bâtiments publics 322

Cette répartition a certainement varié, dans l'espace de temps qui s'est écoulé depuis. Cependant nous avons tout lieu de croire que l'état des choses est à peu près le même encore aujourd'hui, et que les modifications qui ont eu lieu ne peuvent avoir qu'une influence insignifiante sur le régime agricole de notre pays.

Nous venons de dire que nous limitions notre travail aux objets qui se rapportent directement à la situation agricole. Cependant, comme l'agriculteur ne doit pas se borner à la connaissance de la superficie du terrain qu'il exploite, et qu'il lui importe de connaître le sous-sol, nous croyons qu'il convient de placer ici quelques notions générales, sur la constitution des terrains dont sont composées les différentes parties de notre département. Je les emprunte encore à l'ouvrage justement estimé de M. Cacarrié, publié en 1845.

« Les terrains du département de Maine et Loire » appartiennent aux deux grandes classes renfermant » tous les terrains qui composent l'écorce terrestre.

» Les uns stratifiés forment des masses comprises » entre des surfaces sensiblement planes, et se prolon- » gent avec une même direction sur des distances » considérables. Les autres se montrent en masses » de toutes dimensions, sans aucune apparence de » division par couches, et sont appelés terrains non » stratifiés.

» Les premiers, souvent en couches horizontales, » indiquent par leur manière d'être et leur compo- » sition, qu'ils ont été déposés par les eaux comme » le limon qu'abandonnent nos rivières et nos étangs. » On y trouve des restes nombreux de corps orga- » nisés, parmi lesquels on remarque surtout les » parties solides de mollusques et de polypiers té- » moignant de l'origine aqueuse des couches qui » les contiennent.

» Les seconds se distinguent par une apparence » cristalline et leur composition particulière, for- » mée presque uniquement de minéraux fusibles ;

» si on veut les comparer aux roches qui prennent
» naissance de nos jours, ils ressemblent jusqu'à
» un certain point, aux laves des volcans. Ce carac-
» tère, l'absence complète de débris de corps or-
» ganisés, leur assigne une origine ignée. »

Ainsi, en prenant la classification généralement admise par les géologues, le département de Maine et Loire renferme : 1º des terrains non stratifiés ou d'origine ignée, 2º des terrains de transition, 3º des terrains dits jurassiques, 4º des terrains crétacés, 5º des terrains tertiaires, 6º des terrains diluviens, 7º des terrains modernes ou de formations récentes.

Nous n'entrerons pas ici dans plus de détails sur la formation et la nature de notre sol, nous réservant de faire connaître cette composition, lorsque nous étudierons la culture des différentes parties de notre département.

Vers 1860, la population totale s'élevait au chiffre de 525,387 habitants, et se décomposait par arrondissement ainsi qu'il suit :

Arrondissement d'Angers	159,422 hab.
— de Baugé	79,072
— de Segré........	62,557
— de Cholet.......	125,699
— de Saumur......	97,637
	524,387

En rapprochant ce chiffre 524,387 de celui de 712,562 que présente la superficie du département évalué en hectares, nous voyons et ferons observer tout d'abord que ce chiffre ne donne à peu près que trois quarts de tête d'habitant par hectare.

SITUATION GÉOGRAPHIQUE. — TEMPÉRATURE. — CLIMAT DU DÉPARTEMENT.

L'ensemble des circonstances qui influent sur la température moyenne d'un lieu, constitue ce qu'on appelle son climat. Si donc admettant cette définition du climat empruntée à l'un de nos plus illustres physiciens, on se reporte à la position géographique du département, dont nous avons indiqué la longitude et la latitude en commençant, si l'on considère la petite distance qui le sépare de l'Océan (1), sa faible élévation (2) au-dessus du niveau de la mer; si de plus, on observe la direction du vent qui les trois quarts de l'année souffle du sud et le plus souvent du côté de la mer, c'est-à-dire du sud-ouest; si l'on fait attention à l'absence absolue de montagnes; si enfin, lorsqu'on le parcourt on trouve partout, à l'exception des vallées de la Loire et quelques

(1) 31 à 32 lieues d'Angers à la mer en ligne directe.
(2) Cette élévation en moyenne est de 62 mètres.

parties basses de nos rivières, des champs bordés de grandes haies garnies de toutes sortes d'arbres, dont l'intérieur est le plus souvent complanté d'arbres fruitiers à haute tige, ce qui donne à l'ensemble, de quelque lieu qu'on l'examine, l'aspect d'une immense forêt, on comprend bien vite que notre département est situé au milieu de circonstances propres à le faire jouir d'un climat tempéré. Tel est en effet le résultat donné par les observations du thermomètre, durant un grand nombre d'années. Rarement la colonne thermométrique dépasse 25° Réaumur au-dessus, et descend de 5 à 6° au-dessous de zéro pendant les saisons de la chaleur et du froid (1).

De cette réunion de circonstances plutôt favorables que nuisibles au développement de la culture, il résulte que notre département n'a pas à redouter les effets désastreux des grands froids et des chaleurs excessives, auxquels se trouvent exposées d'autres parties des continents situés sous le même parallèle, mais au milieu de circonstances physiques dont l'influence se fait sentir sur leur régime agricole.

(1) Soit 27 à 28° au-dessus et 7° au-dessous de zéro du thermomètre centigrade.

ASPECT GÉNÉRAL DU DÉPARTEMENT.

Lorsqu'on examine attentivement la carte du département de Maine et Loire, quelques lignes plus larges et plus fortement accentuées que les autres fixent bientôt le regard; ces lignes désignent les cours d'eau qui sillonnent le sol dans une étendue plus ou moins grande, et dont les principaux sont les trois rivières, la Sarthe, le Loir, la Mayenne et le beau fleuve la Loire. Celui-ci, dans un parcours de 81 à 82 kilomètres environ, traverse le département dans sa partie médiane, en coulant de l'est à l'ouest.

Le Loir pénètre dans notre département un peu au-dessus du village de Gouy, situé au nord-est, et près la petite ville de Durtal, coule presque en ligne droite jusqu'à Vieilleville ; là son cours devient sinueux et décrit de nombreuses et profondes courbes jusqu'à Briolay où il se réunit à la Sarthe.

La Sarthe pénètre dans notre territoire, au nord-nord-est, à quelque distance au delà de la petite ville de Morannes, et comme le Loir, décrit de nombreux circuits avant d'arriver à Briolay.

La Mayenne, dont le cours est plus direct, entre dans le département vers le port Joulain, au nord, et se réunit aux deux autres au bourg d'Ecouflant.

Les yeux ont à peine suivi le parcours de ce fleuve et de ces rivières, que l'on a compris toute leur importance. En effet, c'est à la facilité qu'ils offrent de transporter sur leurs eaux et dans toute la longueur de leur cours, des marchandises de diverses natures, et aux vastes et belles prairies situées sur chacune de leurs rives, qu'il faut attribuer en grande partie la richesse du sol et la beauté des sites que l'on rencontre sur plusieurs points de notre département.

Le Loir, la Sarthe et la Mayenne, présentent dans les tours et détours qu'elles décrivent des aspects variés. Dans les étroites vallées de ces rivières, la nature semble avoir réuni ces contrastes en un cadre restreint pour en former de gracieux tableaux placés à la portée des yeux.

Des chênes, des ormes, des noyers, des bouquets de bois de pins maritimes ombragent les collines : çà et là des rideaux de peupliers, de frênes, de saules, sillonnent les prairies ; tantôt sur le sommet des coteaux, tantôt à mi-côte, s'élèvent de somptueuses et d'élégantes habitations, d'où les heureux propriétaires peuvent contempler à loisir les plus riants paysages, surtout à la saison des regains, alors que de nombreux bestiaux aux couleurs variées, se répandent dans les prairies pour y paître l'herbe rajeunie par d'abondantes rosées et la fraîcheur des nuits.

Les cultivateurs des contrées arrosées par ces rivières, élèvent presque exclusivement des bestiaux appartenant à la race *mancelle*, dont nous donnerons plus tard la description.

Quand on passe dans le val de Loire, la scène change, elle s'agrandit : des îles nombreuses couvertes d'arbres et d'arbustes, divisent souvent en diverses branches ce large fleuve; ses eaux si claires quand elles sont calmes, si éclatantes sous un ciel pur, roulent au milieu de bancs de sable, dont la mobilité rend la navigation difficile et quelquefois impossible; à la fonte des neiges, ou après la chute de pluies torrentielles, ces eaux devenues troubles et rapides, s'élèvent et exercent contre les digues construites pour les contenir, une pression que les efforts des habitants ne parviennent pas toujours à maîtriser; la brèche une fois ouverte, elles se répandent avec le bruit et la rapidité de la foudre dans *la vallée* située à plusieurs mètres au-dessous d'elles, et y occasionnent d'affreux ravages. Le mois de mai de l'année 1856, nous a offert un triste et mémorable exemple de ces terribles inondations. Ce n'est point ici le lieu d'examiner et de discuter les moyens présentés par les ingénieurs et les savants, afin de porter remède à la gravité du mal toujours menaçant. La science parviendra-t-elle à surmonter les difficultés qu'elle se propose de vaincre, résoudra-t-elle le problème ? L'avenir nous l'apprendra.

Vers les mois de septembre et d'octobre, on voit sur les larges bancs de sable, mis à sec par la retraite momentanée des eaux de la Loire, une innombrable quantité de faisceaux, composés de tiges de chanvre, et disposés de la sorte pour activer leur dessiccation après qu'elles ont subi l'opération du rouissage.

C'est principalement dans le terrain d'alluvion, situé sur la rive droite du fleuve, dont la richesse et la fécondité sont devenues proverbiales, que l'on récolte le plus beau, le meilleur chanvre non seulement du département, mais peut-être du monde entier. Le froment, qu'on y cultive avec soin, y vient admirablement.

Lorsqu'en 1808, Napoléon revenant d'Espagne et se rendant à Paris, où il brûlait d'arriver, traversait notre département, on dit qu'il fut soudainement enlevé aux préoccupations dans lesquelles il était plongé, à l'aspect des magnifiques récoltes dont le sol de la vallée était couvert ; et comme dans ses moments d'enthousiasme, l'âme humaine a besoin de s'épancher, il fit venir le maire de la commune où il se trouvait, pour lui faire part de sa surprise et de sa joie, et le féliciter sur le bonheur qu'il devait éprouver au milieu de si belles campagnes, les plus riches qu'il eût jamais vues. Nous avons cru qu'un pareil témoignage valait la peine d'être rappelé.

Ce ne sont plus les animaux appartenant à la race mancelle qui peuplent les vastes prairies et les îles cultivées du bassin de la Loire; ils sont généralement remplacés par les bestiaux de la race choletaise, à laquelle nous consacrerons, ainsi qu'à la race mancelle, une description particulière. Cependant, depuis quelques années, de riches propriétaires, des cultivateurs aisés, y élèvent des individus de race anglaise ou provenant de croisements avec cette race et la mancelle.

Maintenant si nous nous reportons de soixante ans en arrière, avant les grandes guerres de notre première révolution et du premier Empire, et que nous comparions la physionomie générale du département de Maine et Loire de cette époque, à celle qu'il présente de nos jours, nous verrons qu'au point de vue agricole, elle a très-peu changé. L'ensemble des terrains dont se compose une ferme, est encore partout divisé par champs dont la surface dépasse rarement 3 à 4 hectares, est souvent beaucoup moindre, et dont la forme, presque toujours irrégulière, se

rapproche cependant du parallélogramme. On cher-
cherait en vain les motifs qui ont pu décider les anciens cultivateurs à donner plutôt à tel champ qu'à tel
autre, faisant partie d'une même exploitation, des dimensions d'une extrême différence. Cette bizarre cou-
pure ne peut être le résultat de la réflexion. C'est
évidemment l'œuvre du caprice et du hasard, domi-
nateurs tout puissants dans les temps d'ignorance
et de barbarie.

D'un autre côté, soit faux calcul ou pauvreté, soit
ignorance des lois et des avantages d'une bonne hy-
giène, nos pères, il faut en convenir, ne se distinguaient pas davantage par la distribution, les dimensions et l'emplacement des bâtiments ruraux. Leurs
constructions décèlent presque toujours une absence
de toute règle et de toute préoccupation ; la bien-
heureuse insouciance des premiers âges pour la
conservation de la santé des hommes et des animaux,
s'y montre dans toute sa naïveté, et peut-être y trou-
verait-on aussi l'empreinte de la déplorable et triste
influence qu'exerce toujours sur l'esprit de l'homme
un pouvoir absolu et tyrannique.

Grâce à Dieu, nous commençons à sentir les inconvénients de ce pitoyable état de choses, et dans
toutes les parties de notre département, l'on trouve
aujourd'hui de nouvelles fermes bien situées, bien

bâties, réunissant à la salubrité une parfaite distribution des diverses constructions dont elles sont composées, et déjà beaucoup de cultivateurs et de propriétaires, ont arraché des haies, comblé des fossés, afin de donner ainsi tout à la fois plus d'espace à la culture, et plus de facilité à la manœuvre des instruments perfectionnés dont l'usage se répand et qui exigent un sol mieux approprié à leur emploi.

Les exploitations, comme l'a très-bien remarqué un judicieux observateur, ont en moyenne de 30 à 40 hectares; il en est de beaucoup plus petites, de 10 à 12 hectares seulement, qu'on appelle des closeries, parce qu'elles forment quelquefois un seul clos. La petite et la grande propriété sont peu répandues, c'est la moyenne qui domine, et ce n'est pas un mal selon nous, au contraire; une division poussée à l'extrême, comme cela se voit dans quelques-uns de nos départements, et même sur quelques parties du nôtre, conduirait infailliblement à une diminution considérable dans l'élevage des animaux de travail ou destinés à la boucherie. Trop grande, elle rendrait impossible la surveillance indispensable pour la bonne confection des travaux, nuirait à l'économie de leur ensemble, en exigeant un plus grand nombre d'agents secondaires, toujours difficiles à rencontrer et fort coûteux. Sachons donc conserver, s'il est possible, la moyenne culture, puisqu'elle réunit les avantages et ne présente pas les inconvénients dont nous venons de parler.

Des arbres, des arbustes de différentes essences, des plantes de diverses espèces, sont élevés et cultivés dans notre département; toutefois, il faut remarquer que les uns et les autres ont besoin, pour acquérir le maximum de leur développement, de terrains dont la composition varie. Ici, dans les terrains calcaires, l'orme, le noyer, l'acacia, tous les arbres donnant des fruits à noyau, le prunier, le pêcher, le cerisier, acquièrent des proportions et fournissent des fruits qu'ils auront et donneront rarement sur un sol argileux. Le blé et toutes les céréales y parviendront généralement à une plus grande densité; la luzerne, le sainfoin, le sorgho, y présenteront des tiges plus élevées, le sainfoin surtout y atteindra quelquefois une hauteur d'un mètre et demi. Là au contraire, sur un sol où l'argile dominera, nous verrons les gazons les plus frais, les mieux fournis, le trèfle le plus luxuriant, les chênes, les poiriers, les pommiers, les cormiers, beaucoup mieux prospérer que dans les sols calcaires.

Tous les sols ne conviennent donc pas également à toutes les plantes; il y a évidemment entre elles et les éléments dont les divers terrains sont formés, et au sein desquels elles puisent leur nourriture par les racines, des rapports analogues (nous le pensons) à ceux que la physiologie et l'anatomie comparée ont découverts dans l'organisation du règne animal, et qui enseignent à reconnaître les mœurs des animaux, ainsi que la nature des aliments dont ils se nourrissent, et peut-être doit-on espérer que la physiologie végétale parviendra à nous montrer clairement les rapports encore cachés qui existent entre les végétaux et les éléments constitutifs des divers sols où nous les voyons vivre et se développer naturellement.

Si à l'aide de leurs racines, les plantes puisent dans le sol une partie de leur nourriture, on sait qu'elles ont encore besoin pour vivre, de puiser dans l'air par leurs feuilles, le complément de leur nutrition; mais toutes les plantes peuvent-elles indistinctement vivre et prospérer dans un air identique? L'observation démontre le contraire : les botanistes savent en effet quelles sont les espèces, les familles même qu'ils rencontreront, quelles sont celles qu'ils ne trouveront plus à des hauteurs pour ainsi dire fixes et déterminées, de telle sorte qu'on a pu dire qu'elles sont pour eux, ce que le baromètre est pour le physicien.

Cette loi à laquelle la Providence paraît avoir soumis le règne végétal, est sans doute difficilement observable dans notre département, en raison de son égale élévation au-dessus du niveau de la mer sur presque toute l'étendue de sa superficie; car la hauteur des quelques collines qu'on y rencontre au-dessus de ce niveau est si minime, qu'on ne doit pas en tenir compte. Aussi voyons-nous que les mêmes plantes se trouvent et croissent également bien sur toute sa surface, pourvu cependant qu'elles y trouvent un sol dont la composition leur convienne.

On le voit donc, si l'agriculteur doit toujours se laisser guider par la nature et se conformer aux circonstances physiques dont il est environné pour ne pas s'égarer, rien ne lui indique ici qu'il faut tenir compte de la loi dont nous venons de parler. Le principal objet de ses préoccupations, c'est la composition du sol qu'il exploite, et de plus, son meilleur guide dans le choix d'un assolement.

Mais, d'assolement, est-il permis d'en parler, lorsqu'il s'agit des méthodes de culture suivies dans notre département? Quel est parmi nos cinq arrondissements celui où nous trouvons un assolement basé sur de judicieuses théories confirmées par l'expérience? Il faut l'avouer, nous n'en voyons aucun, partout on marche sans règles bien déterminées; mais nous remarquerons aussi que la culture très-répandue de certaines plantes fourragères, telles que les choux, les betteraves, les navets, conduira la plupart de nos cultivateurs sans qu'ils s'en doutent, à une culture alterne des mieux entendues et très-productive. Ce résultat semble avoir été prévu par un savant agriculteur, économiste distingué; M. L. de Lavergne, en parlant de nos contrées, s'exprime ainsi : « Dans peu d'années, si les choses » marchent toujours du même pas, le Maine et » l'Anjou seront au premier rang de l'agriculture » nationale. » Puissent d'aussi belles espérances se réaliser et nous encourager à de nouveaux efforts!

Un autre point capital a été jusqu'à présent fort négligé. La plupart des cultivateurs, bien qu'ils en comprennent cependant l'importance, n'y ont apporté qu'une attention passagère; nous voulons parler de la conduite des *formes de fumier*, composées d'engrais provenant de la déjection des animaux et déposés dans les cours des fermes avant qu'ils ne soient transportés dans les champs; presque partout nos agriculteurs laissent s'écouler en dehors des étables, sous forme liquide, la partie la plus fertilisante de leurs engrais; ainsi répandue sur le sol, elle s'évapore en peu de temps.

Presque nulle part on ne fait usage de petites pompes en bois, si communes dans tous les pays où l'on sait apprécier et utiliser un engrais si précieux, et qui servent à le projeter et l'étendre sur les formes de fumier qu'on arrose et dont on prévient de la sorte la dessiccation. La quantité de produits agricoles de toute nature que cet engrais perdu développerait, s'il était conservé, est, on peut le dire, considérable. Il importe de vaincre une négligence si préjudiciable aux intérêts de tous. Nous avons fait part de nos regrets et de nos désirs à un de nos plus intelligents et habiles industriels, et nous avons lieu d'espérer que les agriculteurs seront bientôt à même de se procurer au prix le plus modique cet utile et indispensable instrument. Nous ne verrions pas sans plaisir que les propriétaires s'imposassent cette acquisition; nous arriverions ainsi plus promptement au but; et d'ailleurs, ce serait pour eux bien moins un sacrifice qu'un placement avantageux, en raison des améliorations certaines dont ils ne tarderaient pas eux-mêmes à profiter.

Si nous avons jugé convenable de développer quelques considérations générales afin de donner une idée de l'ensemble de notre département, nous croyons avoir suffisamment rempli notre tâche; il est temps d'y mettre un terme et de continuer cette étude par un examen particulier de chacun de nos arrondissements, et, sans motifs aucun de priorité, nous commencerons par l'arrondissement de Baugé.

ARRONDISSEMENT DE BAUGÉ.

Afin d'éviter des redites, nous dirons ici que dans l'examen de nos différents arrondissements, nous suivrons la division ou le sommaire ci-après indiqué pour l'arrondissement de Baugé.

Limites.— Superficies.— Impôts.— Population.— Moyenne de la rente. — Méthode de culture. — Assolement. — Instruments aratoires. — Animaux employés à la culture.— Modes d'attelage. — Animaux de vente.— Plantes cultivées. — Plantes nuisibles.— Nature des baux en usage.

Les limites de cet arrondissement sont : au sud, la rive gauche de la Loire; à l'est, le département d'Indre-et-Loire; au nord, le département de la Sarthe; à l'ouest-sud-ouest, la rive gauche du Loir, un peu au-dessus de Durtal; et au sud-ouest, les communes de Villevêque, Pellouailles, Sarrigné, ces dernières difficiles à se représenter si l'on n'a pas la carte sous les yeux.

Le sous-sol dans cet arrondissement est presque partout calcaire, appartenant aux formations dites jurassique et crétacée.

Des cinq arrondissements du département de Maine et Loire, celui de Baugé renferme la plus grande étendue de terrains en landes, bois et forêts; la plus belle de ces dernières et la plus considérable, celle de Chandelais, d'une contenance de 1450 hectares, est située près de Baugé et appartient à l'Etat. Cet arrondissement, relativement à son étendue, est le moins peuplé : il compte environ 79,072 habitants sur une superficie de 144,412 hectares, ce qui ne donne guère plus d'une demi tête par hectare.

Les terres arables, tantôt composées d'un sable plus ou moins profond, tantôt d'une argile vive, tenace et difficile à traiter, mais le plus souvent offrant un mélange de ces divers éléments auxquels se joint presque partout l'élément calcaire, présentent, comme on le voit, une grande variété de sols. Sa partie méridionale, principalement formée des communes de Corné, Mazé et Beaufort, est située sur la rive droite de la Loire ; le terrain d'alluvion dont elle est composée, est resté découvert lorsque les eaux qui l'ont déposé se retirèrent pour prendre leur cours à l'endroit où nous les voyons aujourd'hui. Il est difficile de préciser l'époque à laquelle ce changement a eu lieu. S'est-il opéré brusquement ou peu à peu? nous ne pouvons le dire. Cette portion de l'arrondissement de Baugé, est une des plus riches et des plus fécondes du département : le blé, le chanvre, le trèfle, la luzerne, les fèves, les navets qu'on y cultive alternativement donnent d'abondantes récoltes, et les prairies situées sur le cours de l'Authion, restées longtemps marécageuses, se sont beaucoup améliorées, grâce aux travaux de desséchement qu'on y a pratiqués.

L'arrondissement de Baugé est non-seulement le moins peuplé, mais celui où l'agriculture a fait le moins de progrès, et cependant, chose remarquable, c'est dans cet arrondissement que l'on s'est le plus évertué, que l'on a fait un plus grand nombre de tentatives dans la louable intention de donner l'impulsion et de développer le goût des améliorations : toutes, ou presque toutes ont échoué.

La grande exploitation du Château Noir, connue depuis sous le nom de *Verneuil,* située dans le canton de Noyant, à la tête de laquelle étaient venus se placer, vers 1827, le fils et le gendre de l'illustre

agronome Matthieu de Dombasle ; la ferme-école de
Sermaise, établie quelques années plus tard sur la
propriété de M. Georget, soit que dans le premier
de ces essais, les jeunes cultivateurs manquassent
d'expérience ou de capitaux suffisants pour répondre aux dépenses qu'exigeaient de vastes et nombreuses constructions rurales, et la mise en culture
d'une grande étendue de landes, dont ce domaine
se composait en majeure partie ; soit dans le second
cas, que les directeurs n'eussent pas les connaissances et le caractère indispensable ; soit enfin
(chose très-probable) que le Conseil général se
montrât trop parcimonieux à l'égard de cette école,
toujours est-il que ces deux établissements n'ont
eu qu'une trop courte durée.

Enfin, quelques mois avant 1848, il avait été arrêté qu'une autre ferme-école serait établie dans
la commune de Corzé, sur le domaine de Voisin, appartenant à M. Ch. Giraud, et les travaux d'appropriation étaient en cours d'exécution, quand éclata
la catastrophe de 1848. L'administration et le gouvernement de cette époque, par des motifs qu'il est
inutile d'exposer, mais faciles à pénétrer, firent suspendre les travaux, et depuis ce moment de ferme-
école il n'a plus été question.

Ces diverses tentatives suivies d'insuccès, produisirent un effet déplorable sur l'esprit des populations toujours disposées à la critique, même lorsqu'il s'agit d'institutions favorables à leurs intérêts, et surtoút parmi les simples cultivateurs enclins à la routine, souvent malveillants, et persuadés que tout établissement de ce genre doit infailliblement avoir une mauvaise fin.

Mais ce n'est pas seulement de nos jours que la fatalité semble s'attacher à cet arrondissement ; chaque fois qu'il s'est agi d'entreprises agricoles, on la voit paraître comme si elle voulait lui faire sentir qu'il doit renoncer à ce genre de succès.

A la fin du xviiie siècle, rapporte M. L. de Lavergne dans son excellent ouvrage *sur l'Economie rurale de la France*, un ancien officier de l'armée de Louis XV, le marquis de Turbilly, l'un des plus fameux agronomes du temps, avait entrepris des défrichements considérables sur des terres situées dans le canton de Noyant, et en avait rendu compte dans un mémoire qui eut alors beaucoup de retentissement. Mais par malheur il ne se borna pas à des entreprises agricoles, son imagination ardente et mobile le porta vers d'autres qui réussirent moins et il mourut insolvable. « Un jour, dit Arthur » Young, en creusant pour trouver de la marne, » la mauvaise étoile du marquis lui fit rencontrer

» une veine de terre parfaitement blanche. Il s'ima-
» gina qu'elle était bonne à faire de la porcelaine,
» éleva des bâtiments, fut trompé par ses agents et
» ses ouvriers, et finalement ruiné. »

Ajoutons à ce récit où la fatalité ne manque pas de jouer son rôle, un second fait de date récente. Quelques semaines s'étaient à peine écoulées depuis le jour où traversant dans une de nos excursions les terres dépendant de son domaine, nous avions vu le jeune propriétaire du château de Turbilly, le manche de la charrue à la main, donnant l'exemple, et marchant sur les traces de son ancien prédécesseur que nous apprenions sa mort. Frappé dans la fleur de l'âge, il venait d'être enlevé subitement à ses nobles et utiles travaux.

Reviendrons-nous à la création d'une ferme-école dans notre département ? Je le désire plus que je ne l'espère : le souvenir des insuccès malheureusement trop nombreux dont j'ai retracé l'histoire, n'est pas encore effacé, et serait certainement une raison suffisante pour bien des personnes de combattre la résurrection d'un établissement agricole. Il faut nous résigner longtemps encore, je le crains, au regret de voir ailleurs que chez nous l'enseignement pratique des théories, dont l'expérience a fait reconnaître les avantages, mais dont l'importance doit frapper les regards de nos cultivateurs, si l'on veut qu'ils puissent les apprécier et se déterminer à les suivre.

Sauf un très-petit nombre d'exceptions les cultivateurs exécutent leurs labours en billons d'un mètre à un mètre 20 de largeur, et d'une longueur égale à celle de leurs champs. Bien qu'un grand nombre ait adopté des charrues mieux construites que celles dont ils faisaient usage il y a encore peu d'années, leur antipathie pour les labours en planches a persisté. Voici les raisons qu'ils en donnent :

Les billons présentent à l'écoulement des eaux des grandes pluies un écoulement plus facile ; nous n'avons pas l'habitude de biner nos blés, excellente opération nous le savons, mais qui exige trop de temps, et aujourd'hui, quand nous le voudrions, les bras nous manquent ; enfin, nous faisons sarcler pendant les mois d'avril et de mai les mauvaises herbes, le coquelicot surtout toujours si abondant sur nos terres, par nos domestiques et des journaliers, nos bestiaux s'en nourrissent et ne s'en trouvent pas mal ; sur de larges planches, ce sarclage ne se ferait pas sans un grave dommage pour nos blés déjà fort avancés à cette époque de l'année.

Ces raisons, d'une valeur fort contestable, n'obtiendront certainement pas, nous le savons, l'assentiment des cultivateurs éclairés, et si nous avons jugé à propos de les faire connaître , ce n'est certes pas avec l'intention de les justifier.

Au reste, ce système de petits billons n'est plus aussi reprochable depuis que les cultivateurs ne se contentent pas de fendre leurs billons en deux ou trois parties, et prennent l'habitude de remuer assez profondément toute leur terre par un premier labour à plat, et de reformer les billons après un second et même un troisième au moment des semailles.

La charrue qu'ils emploient n'a guère été modifiée que dans une de ses parties; c'est, il est vrai, la plus importante, un versoir en fonte plus ou moins bien confectionné, remplace généralement la longue et défectueuse oreille en bois ; mais le reste, y compris le soc , est encore l'œuvre de la routine et d'une croyance mal fondée.

Un teneur de charrue, un bouvier ou conducteur, 4, 6 et même 8 bœufs, attelés au joug deux à deux et quelquefois précédés d'un cheval, lorsque la terre est difficile et présente plus de résistance, voilà le nombreux et coûteux attirail dont la vue exciterait un rire de pitié chez un fermier flamand, et cependant si cher à la plupart de nos cultivateurs, dont l'ignorance et les préjugés sont tels, qu'il faut pour ainsi dire renoncer à leur en démontrer les incontestables inconvénients. Lorsqu'on a été témoin d'une aussi déplorable persévérance, il est impossible de ne pas sentir la nécessité de répandre l'instruction dans les générations futures, et nous ne sommes pas étonnés de voir beaucoup d'hommes éclairés, insister sur l'introduction de l'enseignement agricole dans les écoles primaires, chose désirable sans doute, mais difficile, lorsqu'on réfléchit aux occupations déjà si multipliées des instituteurs, à la modicité de leur traitement, et aux charges de toute nature qui pèsent sur les communes. Il est vrai que si nous placions l'intérêt national au-dessus d'un vain sentiment d'amour-propre, nous aurions bien vite trouvé le moyen, et sans augmentation de nouveaux impôts, de faire face à cette utile dépense, mais non, avec notre fougue ordinaire nous avons supprimé l'institut agronomique de Versailles, lorsqu'il comptait à peine trois années d'existence, sous prétexte que les services qu'il aurait certainement rendus plus tard, n'étaient pas en rapport avec une allocation annuelle de 60 à 80,000 francs. Puis ce jugement téméraire rendu, nous nous mettons à remuer les millions à la pelle dès qu'il s'agit non pas de dépenses justifiées par la *nécessité impérieuse de l'intérêt général,* mais de répondre au caprice d'un luxe effroyable d'embellissements, contre lequel le bon sens a depuis longtemps protesté.

L'on ne peut guère donner le nom d'assolement au système suivi dans cet arrondissement : nulle règle, nul principe fixe ne paraît présider à la rotation des cultures, souvent le blé succède au blé, et si le besoin impérieux des engrais n'eût fait comprendre l'importance des plantes fourragères, dont la culture a pris une extension remarquable, nul doute que l'amélioration du sol et l'élévation de la moyenne de la rente, n'eussent encore marché plus lentement.

La culture du sainfoin, la plante par excellence des terrains calcaires, est pratiquée depuis longtemps. Le trèfle rouge, d'un éclat si vif, l'ornement des terres calcaires, et si précieux par sa précocité, commence à prendre la large place qu'il mérite occuper. Depuis une trentaine d'années, la luzerne, le choux branchu du Poitou, différentes variétés de betteraves, la carotte à collet vert, ont pénétré dans toutes les localités ; grâce à la culture de ces diverses plantes, introduites et cultivées par les propriétaires agriculteurs, parmi lesquels nous devons citer MM. Bertin, maître de poste à Suette, Ouvrard, docteur-médecin, Ch. Giraud et Bardet, à Corzé, la couche arable rendue plus profonde, a acquis un plus haut degré de fécondité, et les races de nos animaux domestiques devenus plus nombreux se sont sensiblement améliorées.

C'est dans l'arrondissement de Baugé, que la culture du sorgho, dont les panicules servent à la fabrication de nos balais, et dont la graine est spécialement employée à la nourriture et à l'engraissement des volailles, a été importée il y a 50 ans, par un habitant des bords de la Garonne. Il sut pendant quelque temps, en fin matois qu'il était, conserver le monopole de cette culture, mais malgré son adresse, son industrie finit par arriver en d'autres mains, et se répandit. Aujourd'hui l'on trouve cette plante cultivée sur plusieurs points; cependant elle conserve sa plus grande importance dans les communes du canton de Seiches, où elle a pris naissance.

La pomme de terre est en grand honneur dans cet arrondissement, on lui consacre une étendue considérable. Aussi est-il celui où l'on élève et engraisse pour la consommation locale, et l'exportation, la plus grande quantité de porcs. On les y élève et engraisse avec intelligence, on peut même dire que les cultivateurs ont pour eux tous les soins qu'on prodigue d'ordinaire aux êtres dont on espère une récompense. Effectivement, ces animaux donnent la plus importante production, bon nombre de cultivateurs payent plus de la moitié de leur fermage, avec le produit de la vente de leurs porcs.

Les bœufs et quelquefois les vaches, presque exclusivement employés aux travaux de la culture, appartiennent à la race Mancelle, dans les communes situées à l'ouest, et à la race Poitevine ou Choletaise, dans les contrées de l'est. Les cultivateurs vont chercher ceux-ci aux foires du Lude, de Mouliherne, Longué, Thouars, la Vendée et de la Loire-Inférieure, où les éleveurs et les marchands les amènent.

Les chevaux qu'on y élève, n'appartiennent à aucune race distincte, ils sont généralement le produit de croisements faits sans beaucoup d'intelligence, ni de précaution, des deux races bretonne et percheronne qui nous avoisinent. On les emploie le plus souvent devant les bœufs, puis aux transports des marchandises conduites aux foires et aux marchés, car ici comme dans les autres parties du département, il n'y a aujourd'hui si mince fermier qui n'ait sa petite carriole, pour lui, sa famille et le transport de ses denrées, et souvent l'on voit bêtes et gens, porcs et volailles, tous entassés les uns portant les autres, voyageant dans le même véhicule.

Sur toutes les exploitations, grandes et petites, on élève des poulets, souvent des oies et des canards. Le prix élevé des œufs, la facilité de les exporter à de grandes distances, depuis la création des chemins de fer, ont éveillé l'attention des cultivateurs sur ce produit jadis regardé comme un accessoire de minime importance. Le nombre des volailles a beaucoup augmenté, l'intérêt, ce grand mobile des actions humaines, engagera bientôt, nous n'en doutons pas, à leur distribuer une nourriture plus abondante, plus active, et à les élever encore avec plus de soins.

Quelques cultivateurs, à l'exemple des propriétaires amateurs, ont essayé de la poule *cochinchinoise*, de couleur jaune. Sa haute stature faisait espérer un prix de vente plus élevé, une plus abondante récolte de bons et gros œufs. Déçus de leur espérance, ils commencent à s'en dégoûter, reviennent à la poule Fléchoise, d'un beau noir, plus riche pondeuse et dont la chair est plus délicate. Ils ont bien raison : qu'ils gardent pure et perfectionnent s'ils le peuvent cette belle race d'où proviennent les magnifiques poulardes qui rivalisent avec celles de la Bresse, sur les marchés de la capitale où plus d'un amateur les contemple avec admiration et d'un œil d'envie.

Cette manie de croisements en tout genre, d'importer toutes sortes de races et d'espèces étrangères, a vraiment besoin d'un contrôle sévère ; à force d'innover et de chercher en toutes choses la poule aux œufs d'or, prenons garde d'être punis comme le personnage de la fable.

Les oies qu'on élève, n'ont pas que nous sachions encore été soumises au croisement ; pourquoi cette espèce a-t-elle été jusqu'à présent respectée dans son essence, nous l'ignorons. Cet oiseau, dont les mérites divers ont été si élégamment décrits par notre grand naturaliste Buffon, ne jouit plus comme autrefois du privilége exclusif de fournir l'instrument de l'expression écrite de nos pensées. Il n'en reste pas moins fort estimable ; c'est lui dont le précieux duvet compose encore la *couette*, cette pièce obligée du lit confortable de l'homme des champs, et l'opulence ne dédaigne pas de l'admettre sur sa table, lorsqu'elle a été judicieusement engraissée.

Deux races de canards domestiques, la petite et la grosse, cette dernière importée du pays normand où tout est grand et bien venant, se rencontrent souvent sur la même exploitation, et s'y croisent naturellement. La petite variété est plus féconde mais elle se vend moins cher, il serait difficile de savoir à laquelle des deux il convient d'accorder la préférence. A ces trois espèces de volaille se borne la basse-cour de nos cultivateurs. S'enrichira-t-elle plus tard des nouvelles espèces qu'on essaye d'acclimater? aucun fait décisif ne nous autorise à nous prononcer actuellement sur ce point.

On élève dans cet arrondissement un nombre si peu important d'animaux de l'espèce ovine qu'il nous suffira d'en dire quelques mots. Les moutons qu'on y rencontre, appartiennent presque tous aux races poitevine et vendéenne, point ou peu de mérinos ni de croisements avec ceux-ci ou les races anglaises. Il n'y a pas de bergeries ; les animaux vivent ordinairement sous le même toit que les vaches, et se rendent avec elles aux pâturages.

Les instruments d'agriculture perfectionnés et de nouvelle construction ne sont point encore assez répandus dans cet arrondissement, cependant plusieurs cultivateurs commencent à se servir des herses Valcourt et d'une bonne charrue dont le versoir, comme nous l'avons dit, est en fonte et passablement construit. Ils font rarement usage du rouleau ; les semoirs, les faucheuses, et les faneuses y sont à peine connus. Les froments et tous les autres grains sont semés à la main, enterrés par un petit instrument à double versoir, puis par un autre à deux rangs de dents en bois : le recouvrement s'achève souvent au râteau. Ces trois opérations pourraient être avantageusement remplacées par l'emploi de la herse, mais la forme étroite et convexe des billons n'en permet pas l'usage, ou bien il serait nécessaire d'y employer des herses brisées. Nous ne savons si avec le temps le système des labours en planches prévaudra, nous inclinons à le croire, depuis la rareté des bras et l'apparition des moissonneuses : si les nouvelles machines pénètrent tardivement dans notre pays, cependant de proche en proche des exemples réitérés et d'une utilité réelle, triompheront de tous les obstacles et bon gré mal gré, les préjugés et la routine seront vaincus.

Avant l'introduction des machines à battre dont le nombre a beaucoup augmenté depuis trois à quatre ans, les fermiers au commencement de la récolte convenaient de donner à un nombre de journaliers proportionné à l'importance de la récolte, le huitième de leur froment, et le septième des autres grains, et ceux-ci s'engageaient de leur côté à couper, engerber, battre au fléau, ventiler et porter au grenier tous les grains récoltés ; ils prenaient en outre l'engagement de donner cinq à six journées, et de plus de construire les meules de paille et de foin récoltés sur la ferme. Ces conditions ont été modifiées depuis qu'on emploie les machines à battre. Aujourd'hui des journaliers payés à la journée soit en argent, soit en nature, s'engagent à faire les mêmes travaux dont nous venons de donner le détail ; les moissonneuses, lorsqu'elles auront paru, metteront un terme aux embarras toujours inévitables qu'occasionne le changement des méthodes usitées depuis longtemps. Le moment où cette transition aura lieu est encore éloigné et ne s'opérera pas tout d'un coup, il n'y faut pas compter.

Au reste une modification progressive des vieilles habitudes est peut-être préférable à un brusque changement ; elle assure plus solidement le progrès.

3,475 hect., sur une superficie totale de 144,414 hectares, sont consacrés à la culture de la plante dont l'origine remonte aux temps bibliques. La vigne, objet de nos soins les plus assidus et de notre constante sollicitude, ne rencontre pas ici comme dans quelques autres contrées, les conditions essentielles au développement de ses précieuses qualités. Le vin que l'on récolte dans la partie nord-ouest de cet arrondissement, sur les coteaux du Loir, quoique le meilleur, est cependant peu estimé; il figure rarement sur la table du riche, ne s'exporte pas ou en petite quantité; il est généralement consommé par les habitants de la contrée, dans les auberges et les cabarets, où l'on n'y regarde pas de trop près.

Les céréales cultivées dans cet arrondissement sont comme dans les autres parties du département, trois espèces principales et quelques variétés de blé, le froment gris, le froment rouge à paille pleine et plus courte, le poulard barbu vulgairement gouape ou auberon, et le seigle qui partout où le sol s'améliore cède la place au froment.

Deux variétés d'avoine, la grise d'hiver, et la

noire de printemps, deux variétés d'orge, l'orge commune, et l'orge bechet.

Au nombre des plantes nuisibles, nous signalerons surtout le coquelicot, la peste des terrains calcaires, dont les graines extrêmement fines et innombrables semblent se conserver indéfiniment dans le sol sans être privées de leur faculté germinative; le chiendent (*triticum repens*), autre fléau des terrains où domine la silice, la rapide croissance de ses moindres tronçons le rendant pour ainsi dire indestructible; la renoncule, la carotte sauvage, le chardon, la ronce, l'arrête-bœuf, le gerseau plante grimpante, qui s'enroule sur les tiges du blé, les courbe et les brise; la folle avoine, l'ivraie, et quelques autres moins préjudiciables. Des soins presque continuels, des hersages énergiques, des défoncements répétés, des sarclages réitérés en saison convenable; tels sont les moyens auxquels il faut avoir recours si l'on veut préserver les récoltes de ces ennemis redoutables, mais trop souvent les bras et le temps manquent, et il est à craindre que ces plantes parasites ne vivent encore longtemps aux dépens de nos céréales.

Les bois, en y comprenant les forêts appartenant à l'État, occupent une surface de 16,348 hectares.

Les forêts dont l'origine remonte à l'époque où elles formaient un des apanages des ducs d'Anjou, sont aménagées par périodes de 150 années : les essences dominantes sont le chêne et le hêtre.

La coupe des taillis appartenant aux particuliers a généralement lieu au bout de 9 ans, sauf de rares exceptions et quelques bouquets de bois, situés comme ornements auprès des habitations ; les taillis sont pour ainsi dire abandonnés à eux-mêmes, on y voit souvent des clairières, et quelquefois les ronces, les épines, et autres plantes parasites y foisonnent, et bien rarement on y pratique les travaux nécessaires pour éviter un excès d'humidité. Le défaut de connaissances spéciales est sans doute la principale cause de cette négligence; on semble ignorer que pour être maintenus en bon état de production, les bois comme toutes les autres cultures exigent une surveillance et des soins assidus.

La quantité d'arbres fruitiers à haute tige, les pommiers et les cerisiers surtout, qui sont cultivés dans cet arrondissement, est assez considérable pour donner lieu à des ventes de certaine importance. Les pommes *à couteau*, sont ordinairement vendues à des commissionnaires qui viennent les acheter et les font embarquer et diriger le plus souvent sur Paris; les autres sont employées à la fabrication des cidres et des *quartiers* ou tranches minces désséchées soit au four, soit au soleil et qui servent à la composition d'une boisson fort agréable et presque rivale du cidre.

Le châtaignier et le noyer principalement, dont l'essence s'accommode à merveille de l'élément calcaire, y prennent quelquefois des proportions colossales. Le noyer était l'arbre de prédilection : la beauté de son bois fort recherché pour les ameublements, l'huile excellente de son fruit, très-estimée et encore fort répandue, avaient engagé les propriétaires et les fermiers à en faire de nombreuses plantations, et l'on savait même beaucoup de gré aux corbeaux et aux pies du soin qu'ils prenaient de semer des noix à travers champs ; aussi quelques uns de ces champs étaient-ils couverts de noyers. Cependant le jour devait venir où les inconvénients de cet excès se feraient sentir ; c'est pourquoi depuis quelques années l'on voit disparaître un grand nombre de ces vieux arbres.

La nécessité de soustraire les moissons aux ombres épaisses et nuisibles qu'ils projetaient au loin sur les terrains en culture, et la valeur toujours croissante du bois de noyer sont comme nous l'avons remarqué les causes de cette disparition, et peut-être est-il temps qu'on s'arrête ; le désir de réparer une faute ne devrait pas en faire commettre une autre. Malheureusement en bien des choses, il nous a été refusé de nous tenir dans de justes limites.

Deux espèces de baux sont en usage dans le département : le bail à prix d'argent et le bail à moitié fruits; le premier est généralement suivi dans l'arrondissement de Baugé.

Jusqu'à ce jour les clauses ordinaires de cet important contrat, n'ont reçu que d'insignifiantes modifications; elles sont encore, nous avons lieu de le croire, ce qu'elles étaient déjà à une époque fort éloignée de nous. La durée du bail est presque toujours de neuf années, et cet espace de temps est souvent divisé en trois périodes de trois ans chaque. Quel est le fermier, soucieux de ses intérêts, qui oserait tenter les moindres améliorations, quand il a devant lui une si courte durée? Pour qu'il pût espérer d'être indemnisé de ses avances, il lui faudrait un temps beaucoup plus long.

Mais ce n'est pas tout, parmi les nombreux objets désignés dans les procès-verbaux *de visite de lieux*, lors de la passation du bail, il est bien rare (à moins que les choses n'aient changé depuis le jour où nous avons insisté sur ce point dans notre petit traité d'agriculture, publié en 1842), il est bien rare disons-nous qu'on y voie figurer l'état du sol. Les experts n'avaient pas, et n'ont peut-être pas encore pris l'habitude de poser cette question : les terres sont-elles nettoyées, ou infestées de plantes nuisibles? Question grave, de sérieuse conséquence, sans laquelle une visite de lieux est presque insignifiante; car selon nous c'est de la chose capitale que l'on se préoccupe le moins. Il est facile d'estimer les dépenses pour réparations à faire aux bâtiments, aux barrières, aux clôtures, etc., mais quand il s'agit d'estimer les frais que doit occasionner le nettoiement d'un sol couvert de mauvaises plantes, c'est alors qu'il faut l'expérience de vrais experts, hommes de pratique : là commence véritablement et sérieusement leur ministère.

Une terre est infestée de chiendents de toute espèce (et cela n'est pas rare), le fermier est ou non tenu de la nettoyer, tenu ou non de la rendre en bon état. Dans le premier cas, les dépenses qu'exigerait cette opération, devront être estimées par les experts et mises à la charge du fermier sortant; dans le second, le fermier entrant demandera infailliblement une indemnité ou bien une diminution sur le prix de son bail, proportionnelle à la dépense qu'il sera obligé de s'imposer pour nettoyer le sol, à moins qu'il n'ait des raisons de passer outre, ou qu'il ignore son métier.

Les choses se passeraient de la sorte si nous étions bien convaincus que le pire de tous les maux pour les agriculteurs, que l'un des plus grands obstacles aux progrès de l'industrie agricole, c'est un sol empoisonné de mauvaises herbes : malheureusement cela n'est pas. Une terre négligée, perdue, passe ainsi de main en main durant plusieurs années, ruine les fermiers qui n'ont ni les moyens, ni la persévérance d'accomplir un travail devenu d'autant plus dispendieux, qu'il y a plus longtemps qu'il aurait dû être exécuté, et dont l'utilité, ils le sentent bien, ne peut être pour eux que passagère. Puis le moment arrive enfin où l'on vient dire au propriétaire : Votre terre ne vaut rien, elle a ruiné tous ceux qui l'ont cultivée, et nous ne la prendrons à ferme, et encore pour un long bail, que si vous consentez à diminuer d'un quart ou même d'un tiers le prix du fermage. Le mal est irréparable, il faut ou laisser la terre inculte ou subir la condition. Veut-on vendre une terre ainsi diffamée, quelle que soit d'ailleurs la nature du sol, la perte pour le propriétaire sera évidemment considérable.

Nous n'insisterons pas ; nous croyons avoir suffisamment démontré l'urgence d'insérer dans nos baux une clause réparatrice de cet oubli. Les experts alors seront obligés de la prendre en considération lorsqu'ils seront appelés à l'effet de constater l'état du sol. Ainsi finira par disparaître, nous le répétons, un des plus grands obstacles au développement de la richesse agricole.

La plupart des agronomes donnent la préférence au bail à prix d'argent; selon eux le bail à moitié fruits présente les plus graves inconvénients. A moins que le bailleur ne ferme les yeux sur bien des choses, il éprouvera de continuelles inquiétudes sur la gestion du fermier. Dans la crainte d'être dupe, il faudra qu'il assiste à presque toutes les ventes, au partage de toutes les récoltes, toutes choses difficiles et pleines d'embarras. Le moment favorable pour la vente se présente, le fermier avertit le propriétaire qu'il a rencontré un acheteur, ou qu'il désire conduire son bétail à tel ou tel marché : le propriétaire est éloigné, retenu ailleurs, mais s'il ne répond pas à l'avertissement le moment favorable sera passé, que faire? On écrit : Vendez et vous rendrez compte, mais si le fermier n'est pas honnête, s'il déclare un prix moindre que le prix réel de la vente, comment le savoir? et puis quel est le cultivateur homme d'honneur qui supporterait patiemment d'être le sujet de continuels soupçons? En admettant qu'il s'y résigne, gêné dans l'administration de son exploitation, il n'y apportera pas le même zèle que s'il agissait libre de toute contrainte. Des discussions, des contestations surgissent quelquefois entre les parties, le fermier et le propriétaire s'observent, s'épient réciproquement, et de ce fâcheux état de choses, il résulte qu'une ferme est mal cultivée, mal administrée. Tels sont les principaux reproches qu'on adresse au bail à moitié fruits et si nous lui préférons le bail à prix d'argent, ce n'est pas cependant d'une manière exclusive, nous n'hésitons pas à le déclarer. Loin de là, tout propriétaire fermement résolu à faire de la campagne sa principale résidence, et à y passer les trois quarts de l'année, doit l'admettre. Au lieu d'éveiller le soupçon et l'inquiétude, le contact habituel, les fréquentes et indispensables relations entre le fermier et le propriétaire, et auxquelles ce dernier doit être décidé d'avance, et se prêter de bonne grâce, ne tarderont pas à établir des rapports de mutuelle bienveillance. Ainsi considéré, le bail à moitié n'est plus un contrat où chaque partie s'isole et se renferme dans son intérêt, c'est une véritable association dans laquelle chacun apporte le concours sincère de son travail, de ses capitaux et de son intelligence, dans le but de faire prospérer une affaire commune; ajoutons qu'une pareille association a l'immense avantage de nous rapprocher de l'homme des champs, dont nous nous sommes tenus éloignés depuis trop longtemps.

Au nombre des causes qui retardent le progrès, et l'élévation de la moyenne de la rente de la terre dans l'arrondissement de Baugé, il faut placer : 1° l'infériorité du sol occupé par des landes dont

l'étendue relative est encore fort grande ; leur mise
en culture exige des avances trop considérables pour
ne pas effrayer plus d'un possesseur, aussi pensons-
nous que de nouveaux semis de pins maritimes
augmenteront encore la partie boisée de cet arrondissement ; 2° les faibles capitaux dont la plupart
des cultivateurs peuvent disposer ; 3° enfin le peu
d'importance des débouchés qu'offrent les villes. Les
manufactures de toiles à voiles établies à Beaufort,
si florissantes au commencement du siècle, ont
cessé d'exister, et nulle industrie n'est encore venue rompre le morne silence de la ville
de Baugé. La population de ces deux villes est
restée stationnaire, si même elle n'a pas dimi-
nué.

Les détails dans lesquels nous venons d'entrer, au
sujet des méthodes pratiquées, des usages suivis par
les cultivateurs ; les réflexions qu'elles nous ont sug-
gérées, ne suffiraient pas pour donner une idée juste
et complète de la situation agricole de cette contrée.
Il est, nous le croyons, indispensable de faire connaître et de donner une appréciation aussi exacte qu'il
est possible de le faire des chiffres du produit brut,
du produit net et enfin de celui du bénéfice obtenu
par l'exploitant.

Ainsi donc sans prétendre à une parfaite exactitude, nous pensons nous rapprocher beaucoup de la vérité, en admettant que le capital d'exploitation ne dépasse guère une moyenne de 100 à 120 fr. par hectare cultivé, que le revenu net ou la moyenne de la rente ne s'élève pas au-delà de 40 à 45 fr. l'hectare et nous pouvons sans trop d'erreur, afin d'obtenir le produit brut, doubler ce dernier chiffre, soit 90 fr. Quant au bénéfice de l'exploitant, il est impossible qu'en de pareilles conditions il ne soit généralement peu élevé. Ces calculs admis (et nous croyons qu'ils peuvent l'être) nous prouvent quel chemin reste à faire, si l'on veut se rapprocher des contrées où le capital d'exploitation n'est pas moindre de 500 fr. et quelquefois de 1,000 fr. par hectare. Mais comme tout le monde paraît comprendre aujourd'hui que l'industrie agricole n'a pas moins besoin que toutes les autres de capitaux suffisants pour se développer et se maintenir dans la voie du progrès, le temps n'est peut-être pas éloigné, espérons-le du moins, où cette vérité encore mieux sentie nous fera marcher d'un pas plus rapide vers les améliorations.

Enfin après un examen sérieux, après avoir jeté un coup d'œil attentif sur l'ensemble des faits, nous ajouterons qu'il appartient surtout aux riches propriétaires d'élever cet arrondissement au même degré que les autres, en prenant la résolution de résider sur leurs domaines. Ils pourront alors les étudier avec plus de suite et d'attention, et comprendront mieux la nécessité de mettre en réserve des capitaux qu'ils destineront aux avances qu'exigent partout et toujours les travaux d'agriculture même les plus judicieux et les plus profitables.

Nous connaissons plusieurs exemples d'améliorations considérables ainsi réalisées par l'application de capitaux faite avec suite et intelligence. Il en est un entre tous que nous citerons parce qu'il mérite de l'être à titre d'utile enseignement, et nous le ferons avec d'autant plus d'assurance qu'il s'est passé sous nos yeux.

Dans le cours de l'année 1832 (si notre mémoire ne nous trompe pas), l'ensemble des fermes dont se composait l'ancienne terre de la *Roche-Thibault* située près le bourg de Jarzé, fut mis en vente. M. Alexandre Bertin, maître de poste à Suette, se rendit adjudicataire de la ferme de Gouèze, et peu de temps après il y adjoignit une closerie et plusieurs hectares de landes; le tout présentant une superficie de 60 à 67 hectares, fut acheté pour la somme de 40,000 fr.

La couche arable de cette exploitation repose sur un sous-sol de composition calcaire souvent très-rapproché de la superficie. Dans la crainte sans doute de la rendre stérile, soit qu'ils n'eussent pas d'instruments convenables, soit qu'ils manquassent d'une quantité suffisante d'engrais, les cultivateurs n'y avaient jamais pratiqué de profonds labours, de sorte que cette couche était encore très-faible, lorsque M. Bertin fit l'acquisition de cette terre.

Muni d'une puissante quantité d'engrais qu'il eut soin de mêler à l'élément calcaire; disposant de solides instruments aratoires convenablement confectionnés, et d'un fort et nombreux attelage, le nouveau propriétaire, jugeant bien sa position, et comprenant l'importance de donner plus d'épaisseur à la couche arable, ne craignit pas de l'attaquer profondément plusieurs années de suite. Les engrais dont il disposait lui permirent d'obtenir, en peu de temps, des récoltes, dont la beauté et l'abondance attirèrent les regards des cultivateurs, et de toutes les personnes qui, de temps immémorial, n'y voyaient que pauvres récoltes et chétifs bestiaux. Aujourd'hui, de nombreux et beaux animaux habitent de vastes étables nouvellement construites. Des sainfoins, des luzernes, des trèfles, des céréales magnifiques, de grands espaces plantés en choux et autres plantes fourragères, couvrent cette terre jadis presque inculte.

La ferme de Gouèze, avant d'appartenir à M. Bertin, était louée 8 à 900 fr., et à ce prix, les fermiers faisaient mal leurs affaires. Aujourd'hui, après l'expiration d'un bail de neuf ans au prix de 2,500 fr., et qui, de notoriété publique, a enrichi le fermier, M. Bertin vient d'affermer le même domaine 3,500 fr., dont la valeur actuelle dépasse peut-être la somme de 120,000 fr., nous n'exagérons pas. Son prix a donc triplé.

Qu'a-t-il fallu pour arriver à cette brillante transformation? 20 années de persévérance; 20 ans! c'est une bien longue durée, diront les spéculateurs à la hausse et à la baisse; c'est un beau et encourageant résultat, répondront les gens qui comprennent la valeur des travaux honorables, sérieux et vraiment producteurs de nouvelles richesses.

Ah! sans doute, les bénéfices recueillis dans les pénibles et nobles travaux des champs, sont lents et se comptent rarement par millions; mais ils laissent à l'homme un bien plus précieux que des monts d'or, son honneur et l'estime des gens de bien. Dieu merci, nous n'avons pas à craindre qu'ils nous offrent jamais le triste spectacle de ces scandaleuses et immorales spéculations, une des plaies les plus funestes de notre temps.

Nous ne pousserons pas plus loin nos recherches et nos observations sur la situation agricole de l'arrondissement de Baugé; ce que nous avons dit nous semble suffisant pour qu'on puisse l'apprécier. Nous passons à l'arrondissement de Segré.

ARRONDISSEMENT DE SEGRÉ.

Lorsqu'on quitte l'arrondissement de Baugé, et qu'on entre dans celui de Segré, on ne tarde pas à reconnaître que la nature des terres n'est plus la même. On voit, presque sur toutes les exploitations, de magnifiques champs de trèfle; cette plante a pris la place du sainfoin et de la luzerne, et forme la base des plantes fourragères. Le sol arable, éminemment favorable à sa culture, est en effet composé d'éléments provenant de l'érosion du terrain qui forme généralement le sous-sol de cette contrée. La nature de ce terrain convient, en outre, au froment, à l'orge et aux graminées d'espèces diverses. Le canton de Châteauneuf est renommé pour la beauté et le rendement de ses récoltes de froment.

Parmi les plantes à fourrages, dont la culture s'est beaucoup étendue depuis que les cultivateurs élèvent et engraissent un plus grand nombre de bœufs, il faut citer les navets, les carottes, les betteraves et le chou. Nous ne doutons pas que l'introduction de ces différentes plantes, n'apporte une modification favorable au système de culture généralement suivi, et dont la rotation est encore fort peu régulière.

Ainsi que dans l'arrondissement de Baugé, et sans doute pour les mêmes raisons, les labours sont pratiqués en billons, on y voit très-peu de champs en planches; mais les cultivateurs, en grand nombre, ont substitué les chevaux aux bœufs dans les travaux de la culture. Cependant quelques-uns persévèrent, et l'on voit encore à la charrue six et même jusqu'à huit de ces derniers animaux, attelés au joug deux à deux. Cet ancien usage, il faut le croire, ne tardera pas à disparaître complétement, car l'opinion de considérer les bœufs uniquement comme bêtes de rente, se répand de plus en plus, et cette manière de voir nous semble d'autant plus juste, que la race mancelle, à laquelle les cultivateurs ont donné depuis longtemps une préférence presque exclusive, n'a pas les qualités des races travailleuses. S'ils y restent attachés, ils ont raison de l'élever, uniquement pour lui demander ce qu'elle doit donner, surtout en la croisant avec la race anglaise d'un engraissement facile et précoce.

Les foins, récoltés sur les bords de la Sarthe et de la Mayenne, dont le cours traverse en grande partie le sol de cet arrondissement, sont en général de bonne qualité; mais leur quantité n'étant pas suffisante pour répondre aux besoins, les cultivateurs ont eu recours à d'autres plantes alimentaires. Au nombre de celles dont nous avons déjà parlé, nous avons oublié d'indiquer le ray-grass. Cette graminée doit se plaire évidemment dans le sol argilo-siliceux de cet arrondissement, et la loi agronomique méconnue ou plutôt oubliée, à laquelle nous paraissons revenir aujourd'hui, « *que pour récolter beaucoup de céréales,* » *et conserver la fécondité du sol, il vaut mieux ré-* » *duire qu'étendre la surface emblavée : et qu'en don-* » *nant la plus grande place aux cultures fourragères,* » *on-n'obtient pas seulement un plus grand produit en* » *viande, lait, beurre et laine, mais encore un plus* » *grand rendement en blé* » aurait dû, ce nous semble, éveiller l'attention des cultivateurs, à un plus haut degré, sur la culture facile et économique du ray-grass d'Italie, et les engager à lui faire une plus large part.

Remarquons en passant que la connaissance de cette loi, dont l'application commence à revenir, n'est pas récente. L'un des plus illustres personnages de l'antiquité, n'a pas oublié de la rappeler dans ses ouvrages d'agronomie : *pratum* le pré, *paratum* toujours prêt, disait Caton, base de toute culture progressive et améliorante.

Ce retour vers d'anciennes pratiques délaissées, nous avertit qu'il faut y regarder à deux fois quand il s'agit d'innovations. Aujourd'hui les cultivateurs anglais, renonçant à faire consommer sur place les plantes fourragères, ont adopté la stabulation permanente, qui leur procure, disent-ils, une quantité de bestiaux et d'engrais infiniment plus considérable, sans que la santé de leurs animaux en soit le moins du monde affectée.

On se demande si ce nouveau régime, cette prétention d'agir sur le règne animal, comme sur un produit purement industriel, afin de le façonner au gré de nos exigences et de nos caprices, ne sera pas une cause d'altération profonde, et n'engendrera pas dans la suite une maladie nouvelle et meurtrière. Nous en avons le pressentiment. Nos voisins, malgré leur incontestable habileté, ne supprimeront pas impunément un principe naturel et visiblement nécessaire à la conservation des êtres animés. Nous conseillerons donc à nos cultivateurs d'attendre les résultats définitifs de l'expérience, avant de condamner leurs animaux au régime cellulaire et à la réclusion perpétuelle.

Les instruments perfectionnés, les charrues à versoir en fonte, les herses Valcour, les machines à battre, les coupe-racines et quelques autres se multiplient; mais des outils plus compliqués, plus délicats et d'un prix plus élevé y ont à peine paru. Cependant la rareté des bras, l'exemple qui gagne de proche en proche, amènera les faucheuses, les moissonneuses ici comme ailleurs, et, du jour de leur apparition, la culture en planches aura remplacé les billons. Quand ce temps viendra-t-il? Nous n'avons, ni personne n'a sans doute la prétention de l'indiquer; mais certainement il viendra, dans un temps plus ou moins rapproché; l'acquisition récente d'une moissonneuse, faite par le comice de Segré, est un acheminement vers cette amélioration.

Il n'y a point, à proprement parler, de forêts dans cet arrondissement, elles ont disparu. Les taillis y sont en petite quantité, négligés, et souvent formés de deux essences entremêlées, le chêne et le châtaignier. Ainsi composé, un taillis ne peut être convenablement aménagé : car le chêne donne rarement un bon produit avant l'âge de neuf à dix ans; le châtaignier, au contraire, peut être avantageusement abattu dès l'âge de cinq ans. On est donc forcé, ou de trop avancer pour l'une, ou de trop retarder pour l'autre la coupe de ces deux espèces, lorsqu'on veut abattre le tout ensemble. Il serait infiniment préférable de les cultiver séparément, le châtaignier surtout.

Tenez! vous voyez ce petit bois de châtaigniers d'un hectare environ, me disait un de mes amis, M. de

Marcombe, un jour que nous nous entretenions d'embellissements projetés, et depuis exécutés sur sa belle terre de Mozé; je l'ai planté il y a sept ans, fait abattre à sa cinquième année, et la coupe a été vendue 1,400 fr., ce qui donne, si je ne me trompe, un revenu annuel de 280 fr. par hectare; qu'en ditesvous? C'est merveilleux, et pourtant la vérité même, ajouta-t-il. Ah! si jétais plus jeune, je planterais encore des châtaigniers. — Je vous crois sans peine. C'est un avis pour les jeunes planteurs de bois.

Le bail à moitié n'est pas rare dans cette contrée. Les avantages incontestables obtenus par les propriétaires du département de la Mayenne où ce bail est depuis fort longtemps en usage, ont sans doute contribué à sa propagation dans l'arrondissement de Segré, limitrophe de ce département. Maintenant qu'il a dû être apprécié par un grand nombre de personnes dont l'attention se dirige vers les études et les travaux agronomiques, nous ne doutons pas qu'il s'y répande de plus en plus, et l'on doit désirer que cela continue jusqu'au moment où disposant d'un capital plus considérable, les cultivateurs pourront tenter des améliorations sans le secours des propriétaires. Nous avons fait connaître les principaux motifs qui nous ont décidé à recommander le bail à moitié, nous n'y reviendrons pas.

L'étendue fort restreinte des terrains sableux, profonds et substantiels qu'on trouve dans l'arrondissement de Segré et qui sont les seuls propices aux plantes textiles, ne permet pas à la culture du chanvre et du lin de s'étendre.

La vigne n'y trouve pas non plus un sol et une exposition favorables. Sur 116,828 hectares, 421 seulement sont plantés en vignes. Il n'en est pas ainsi du pommièr : la composition du terrain lui convient, il y prospère, aussi la boisson ordinaire du pays est le cidre. Toutes les pommes qui ne sont pas employées à faire le cidre, sont vendues ou conservées comme provisions. C'est encore Paris, le grand consommateur, qui en absorbe la plus grande quantité.

Les cultivateurs mieux avisés ne plantent pas les arbres fruitiers à travers champs ; ils les placent sur le bord et dans la ligne des fossés, mais ils feraient mieux encore, s'ils renonçaient à ce système, et se décidaient à suivre l'exemple des contrées où l'on choisit un terrain d'une étendue proportionnelle à l'importance de l'exploitation pour en faire un verger bien clos, et dont ils éloignent les bestiaux. Ils éviteraient ainsi bien des accidents. Que de jeunes arbres brisés chaque année ou mortellement atteints par la corne ou la dent des animaux, qui nuit et jour sont abandonnés dans les champs !

On n'y trouve pas les noyers en aussi grande abondance que dans l'arrondissement de Baugé, tant s'en faut. On peut même dire qu'ils y sont rares. Nous savons pourquoi. Mais le châtaignier y atteint les plus hautes proportions. Tout le monde a entendu parler des marrons du Lion-d'Angers, et l'on sait qu'ils méritent leur réputation.

L'espèce chevaline s'est améliorée sensiblement depuis plusieurs années : l'on trouve actuellement dans l'arrondissement de Segré d'excellents chevaux de trait, et quelquefois les maquignons savent y découvrir de très-beaux et bons carrossiers, dont ils ne croient pas nécessaire de faire connaître le lieu de naissance. Ils proviennent de croisements avec des étalons percherons ou de pur sang anglais.

Les troupeaux de moutons sont composés d'un petit nombre de têtes. La race anglaise des dishley y a été importée depuis peu. Tout indique qu'elle doit y trouver des conditions favorables d'acclimatation ; des succès obtenus et une plus grande étendue consacrée à la culture du ray-grass contribueraient sans aucun doute à son développement et finiraient par la répandre.

Les animaux de l'espèce bovine élevés et engraissés, appartiennent presque exclusivement à la race mancelle, mais depuis une quinzaine d'années environ, quelques comices de cet arrondissement ayant jugé convenable d'importer des taureaux de la race anglaise à courtes cornes, les cultivateurs n'ont pas tardé à les prendre pour reproducteurs. En opérant ce judicieux croisement auquel se prêtait admirablement, il faut le croire, l'organisation de leur race indigène, ils ont obtenu les meilleurs résultats ; ils ont corrigé les défauts de la race mancelle, défauts qu'on avait certainement le droit de lui reprocher, et qui peut-être auraient fini par l'éloigner des concours de la capitale, s'il faut s'en rapporter aux critiques nombreuses et sévères dont elle a été l'objet au dernier concours national.

Nous ne voulons pas nous faire l'écho de cette appréciation, nous préférons à tous égards, nous en rapporter à l'autorité d'une autre personne très compétente du reste, et citer quelques passages de la description qu'en a faite M. Magne dans son excellente étude de nos races d'animaux domestiques.

« Passablement travailleuse pour le pays, cette
» race, dit M. Magne, prend bien la graisse et donne
» de la bonne viande. Mais elle a des membres gros,
» une tête forte et des os lourds. C'est une de celles
» qui ont le plus d'os relativement à la quantité de
» viande. La vache est mauvaise pour le lait, elle

» peut à peine nourrir son veau, et tarit de suite après
» le sévrage.

» La race mancelle étant généralement mauvaise,
» il serait difficile de la rendre bonne laitière, en
» cherchant à l'améliorer par elle-même.

» Le croisement avec le taureau suisse de Fribourg,
» essayé dans le siècle dernier, a été abandonné ; il
» donnait des mâles à tête trop lourde, à encolure
» trop forte, et à membres trop gros.

» C'est au point de vue de la boucherie qu'il faut
» songer principalement à améliorer la race man-
» celle, en changeant ses formes, en diminuant le
» volume de son squelette, et en rendant les pro-
» duits plus précoces par un élevage bien entendu.

» Le taureau Durham doit être employé pour amé-
» liorer les formes de cette race, il lui communi-
» querait également les qualités laitières ; on aurait
» ainsi l'avantage de produire deux améliorations à
» la fois. »

Ainsi, comme on le voit, la pratique a confirmé les observations et les conseils de la science. Il est donc naturel d'espérer que les cultivateurs continueront à suivre la bonne voie dans laquelle ils sont entrés.

Les achats et les ventes des animaux de cette espèce ont lieu aux foires de la contrée : celles de Châteauneuf, de Champigné, du Lion-d'Angers sont les plus considérables et les plus renommées. Les Normands viennent surtout au commencement du printemps, acheter des bœufs maigres ou déjà en chair, qu'ils conduisent dans les fertiles pâturages de leur pays, où ils achèvent de les engraisser. Autrefois les cultivateurs vendaient presque toujours leurs bœufs maigres, mais ils ont voulu aussi eux essayer de les engraisser. Ils ont eu raison, car l'expérience leur a démontré qu'ils pouvaient réussir.

Les animaux de l'espèce porcine auxquels les cultivateurs donnent la préférence appartiennent à la race dite craonnaise du département de la Mayenne. Le porc de Craon, par sa taille et sa finesse, ses formes et ses qualités, est un des plus beaux porcs connus. Il n'est pas rare de voir des individus de cette race parvenir au poids de 250 à 300 kilogram. L'espèce anglaise si vantée par les amateurs, a rarement dépassé ce chiffre. Cependant plusieurs propriétaires cultivateurs, désireux d'améliorer cette race sous le rapport de sa précocité, ont essayé de la croiser avec la race anglaise de Leicester. Quelques-uns paraissent satisfaits des résultats. Les autres, au contraire, soit que les métis devinssent inféconds à la troisième génération, comme cela est arrivé sur notre exploitation, soit qu'au bout d'un certain temps, les caractères de la race indigène reprennent le dessus, ont renoncé à ce croisement. Nous ne leur reprocherons pas cette résolution, car nous sommes bien convaincus qu'il vaut mieux améliorer notre race par elle-même, et nous comprenons parfaitement que la crainte de compromettre d'excellentes qualités naturelles, ne vienne souvent arrêter le cours d'expériences commencées. Les conséquences des croisements n'ont pas toujours été heureuses, et d'ailleurs, pour réussir, il faut non-seulement une attention et une persévérance soutenues, mais revenir souvent à la race pure, et se garder d'employer les métis comme reproducteurs. C'est donc une entreprise toujours difficile et périlleuse, dans laquelle il est sage de ne pas s'engager, surtout quand il s'agit de modifier une race indigène dont l'excellence est incontestable.

On ne trouve dans cet arrondissement aucun indice d'où l'on puisse induire un accroissement de la population. Nulle branche d'industrie ne paraît devoir s'y développer. Cependant les importantes minoteries de Châteauneuf et de Cheffes doivent y faciliter la vente des céréales. Dans les villes principales, à Segré, Candé, le Lion-d'Angers, Châteauneuf, le nombre des habitants n'augmente point sensiblement. La moyenne de la rente peut être évaluée de 55 à 60 francs par hectare, le capital d'exploitation ne s'élève guère au-delà de 140 à 150 francs par hectare, et il est difficile d'apprécier le bénéfice de l'exploitant, toujours en rapport, du reste, avec l'élévation de ce capital.

La population totale répandue sur une superficie de 116,786 hectares est de 62,757 habitants et donne par conséquent le faible chiffre de 1|2 tête environ par chaque hectare. L'on ne peut douter cependant que l'agriculture n'y soit en voie de progression.

Quand on a remarqué le grand nombre de propriétés considérables, situées sur divers points, quelquefois accompagnées de vastes et magnifiques demeures nouvellement construites, et dont quelques-unes rappellent les superbes résidences des Land-Lords, on se souvient avec joie que les propriétaires ne se contentent pas d'embellir leurs habitations et leurs parcs, mais qu'ils veulent aussi contribuer au développement de la richesse publique en encourageant l'agriculture de leur exemple.

Un nom devenu célèbre, a souvent retenti dans nos concours; plus d'une fois déjà M. le comte de Falloux est sorti vainqueur de ces luttes pacifiques. Nobles et généreuses luttes cependant, où les sentiments du remords et d'amers regrets, ne viennent jamais empoisonner les douces joies du triomphe.

Nous citerons encore parmi les propriétaires dont les conseils et l'exemple ont puissamment contribué à répandre les bonnes méthodes et encourager l'amélioration des cultures: MM. Th. Jubin, de Quatrebarbes, Brichet, Pannetier, Lemotheux, d'Andigné, du Lion-d'Angers, et MM. Parage frères. Les nouvelles construction rurales qu'ils ont bâties, les travaux d'irrigation et de drainage qu'ils ont entrepris et dirigés avec intelligence, les nouvelles races d'animaux, les instruments perfectionnés de diverses sortes qu'ils ont importés et fait connaître, sont d'heureuses innovations, non-seulement utiles à leurs auteurs, mais profitables à tous.

Nous ne devons pas quitter cet arrondissement avant d'avoir fait remarquer que le sol étant presque absolument dépourvu de l'élément calcaire, la chaux devait être l'amendement indispensable qu'il devait recevoir. Les cultivateurs ont donc fait œuvre d'intelligence et de juste appréciation en y ayant recours. Sur presque toutes les fermes on rencontre des compost mélangés de chaux. Ils font encore un grand usage de la *charrée*, excellent engrais, surtout pour les prairies. Mais cette substance est principalement appliquée dans les environs de Segré.

ARRONDISSEMENT DE SAUMUR.

En entrant dans l'arrondissement de Saumur, dont les limites sont : au nord, le cours de la Loire ; au sud, le département de la Vienne ; à l'ouest, l'arrondissement d'Angers ; à l'est, le département d'Indre et Loire, nous retrouvons le sous-sol calcaire sur lequel repose cet arrondissement. Avec ce terrain reparaissent le sainfoin, la luzerne, le noyer, et toutes les espèces d'arbres fruitiers à haute tige, auxquels il convient. Le prunier domine entre tous, aussi est-ce de cet arrondissement que viennent en grande partie les fameux *pruneaux de Tours*, dénomination usurpatrice comme on le voit, contre laquelle, mais en vain, les patriotes amateurs ont toujours protesté.

Les exploitations d'une grande et même d'une moyenne étendue de 40 à 50 hectares par exemple, et les grandes propriétés, se rencontrent ici plus rarement que dans les autres parties du département : nulle part ailleurs la division du sol n'a été poussée aussi loin. Dans quelques localités, le morcellement est arrivé à ce point qu'il est évidemment beaucoup plus nuisible qu'avantageux à la production.

Dans cet arrondissement pas plus que dans les autres, on ne suit d'assolement déterminé. Sur les rives de la Loire, dans les terrains d'alluvion, le froment, le chanvre, les fèves, les vesces, le mil, etc , se succèdent sans alternance fixe : sur les plateaux, aux environs de Doué par exemple, la luzerne ou le sainfoin, puis deux et même trois blés de suite, ou bien orge et avoine sur luzerne et sainfoin rompus, et enfin la vigne sur les côteaux et voire même encore dans la plaine. La vigne est depuis fort longtemps la principale culture; elle occupe 13,135 hectares, c'est-à-dire les 3|4 à peu près de l'étendue des terrains plantés en vignes dans toutes les autres parties du département.

La viticulture en raison de son importance mérite qu'on s'y arrête. Cependant, pour éviter de trop longs détails et une nomenclature fastidieuse, nous nous bornerons à signaler les différentes variétés de cépages qui donnent les vins les plus estimés, et le nom des communes où sont situés les meilleurs crus. Parmi ces divers cépages, il faut placer au premier rang, le *pineau blanc*, qui à lui seul constitue les 3|4 des vignobles, puis le melier, le muscadet, le gros plant et le bourgogne blanc.

Les cépages rouges ou noirs, d'où l'on tire les meilleurs vins rouges de l'Anjou, se rapportent à plusieurs variétés, au nombre desquelles se distinguent les plants de Bordeaux et de Bourgogne, le cot de la Touraine. Quelques autres variétés de bons cépages ont été introduites il y a quelques années, savoir : les plants de Nuits, du Clos-Vougeot, le petit Gamet, le Tanconnet, et le Sillery de la Champagne.

Chacun sait que les vins provenant de ces différentes variétés, et dont quelques-uns méritent à juste titre la réputation qu'ils ont acquise, offrent cependant des qualités variables, en raison de leur exposition, de la composition du sol et des circonstances atmosphériques. Mais, toutes choses égales d'ailleurs, les vins les plus renommés sont récoltés dans les crus situés sur les côteaux de la Loire, surtout ceux qui font partie des communes de Dampierre, Souzay, Parnay, Chacé, Varrains, Brezé, Saint-Cyr, et les vins rouges de Champigny-le-Sec. Nous ne jugeons pas nécessaire de donner le nom des crus; les personnes qui voudront les connaître, devront consulter l'ouvrage de M. Millet, où cette nomenclature est établie avec soin et une parfaite exactitude.

Puisque nous avons constaté les qualités réelles de nos vins, nous ne devons pas cacher leurs défauts. Les vins blancs du Saumurois les plus estimés, et généralement tous les vins du même genre, récoltés dans notre département, sont accusés d'être capiteux et d'attaquer le système nerveux ; on leur adresse encore le reproche de *roussir* promptement au contact de l'air. Il nous serait difficile de dire à quelle cause il faut attribuer ces défauts. La vigne puiserait-elle dans le sol de nos contrées l'élément producteur de ces fâcheuses propriétés ? ou bien devrait-on l'attribuer à la méthode usitée dans la fabrication des vins ? Nous nous garderons de trancher la question sur ce point ; la science et l'observation ne nous ont pas suffisamment éclairés.

Les propriétaires et les vignerons, jaloux d'ajouter encore à la réputation de leurs vignobles, ont eu la précaution de se tenir toujours au courant des améliorations apportées, soit dans la culture des vignes, soit dans la fabrication du vin. Le reproche de partialité et de céder à un excès de patriotisme, qu'on nous adressera peut-être, ne nous empêchera pas d'affirmer qu'un assez bon nombre de ces vins peuvent rivaliser avec ceux des vignobles de France les plus estimés. De tous leurs défauts dont nous venons de parler, le plus grand, c'est, assurément, de n'être point assez connus, de n'être pas appréciés ce qu'ils valent ; de là, chose regrettable, les meilleurs passent, dans le commerce, sous des noms supposés. En effet, combien de nos vins blancs mousseux sont bus comme vins de Champagne, et combien de nos vins rouges sont baptisés de noms d'autres crus plus renommés! Cela se voit chaque jour et partout.

Nous avons le tort, peut-être, de sacrifier trop souvent leur origine, nous devrions, au contraire, chercher tous les moyens de maintenir la réputation que beaucoup d'entre eux méritent de conserver.

D'importantes maisons de commerce, depuis longtemps connues, et pour la plupart établies à Saumur, achètent la majeure partie des vins récoltés dans nos contrées. *Avec nos vins blancs et rouges, d'habiles négociants sont parvenus à obtenir des vins qui imitent, et pour leur douceur, et pour la force expansive du gaz acide carbonique, ceux de la Champagne, qui plaisent tant à tout le monde; ils ont si bien réussi,* ajoute M. Millet, à qui nous empruntons ces dernières observations, *que des essais comparatifs ont été, dit-on, l'occasion de plus d'une méprise.*

Dans les sols profonds, faciles et substantiels, les petits cultivateurs retournent leur terre à la bêche; partout ailleurs, les labours sont en petits billons, mais deux animaux seulement, soit bœufs, chevaux ou mulets, sont attelés à la charrue; c'est un progrès.

Les instruments perfectionnés, dont nous avons

déjà eu l'occasion de parler, sont d'un usage fréquent, mais les fermiers, en raison du peu d'étendue de leurs exploitations, élèvent peu et n'engraissent que rarement leurs bœufs. Ils vont ordinairement acheter les animaux dont ils ont besoin pour les travaux de la culture, aux foires de la contrée, dans le Poitou et la Vendée, et ne paraissent pas attacher une grande importance à l'amélioration des races.

Les porcs saumurois, meilleurs que ceux du Poitou, avec lesquels ils se mêlent, sont assez estimés, mais ils ne valent pas ceux de la belle race craonnaise. Il sera facile aux cultivateurs de se les procurer et de les substituer aux leurs, car les animaux de cette race se répandent et se rencontrent aujourd'hui sur toutes les foires de notre département.

Les bêtes à laine sont plus nombreuses que dans nos autres contrées, surtout dans les plaines et les environs de Doué, mais on n'y voit point de grands troupeaux, et les animaux de cette espèce appartiennent presque tous à la race du Poitou. Nous ne croyons pas qu'on ait introduit de races étrangères.

Parmi les oiseaux de basse-cour, les oies occupent le premier rang : on les amène aux marchés le plus souvent sur de longues charrettes et en troupes nombreuses, comme les dindons dans la Champagne; c'est ordinairement aux marchés de Doué et de Brissac que les fermiers viennent des divers points du département chercher ces animaux, qu'ils engraissent durant l'hiver, et dont ils récoltent avec soin le précieux duvet.

L'arrondissement de Saumur renferme, proportionnellement à sa superficie, une quantité de bois et de landes aussi considérable que celui de Baugé. Les bois taillis y sont aménagés de la même sorte, et n'y reçoivent pas tous les soins qu'on devrait leur donner.

Comparativement à l'étendue de son territoire, la population est de 1/4 à peu près plus grande que celle de chacun des deux arrondissements dont nous avons parlé, et la moyenne de la rente y est plus élevée : on peut l'évaluer de 65 à 75 fr. par hectare. Cette double supériorité doit être attribuée d'abord aux cultures spéciales de la vigne et du chanvre et aux terrains occupés par les pépinières, toujours loués fort cher, par la plupart des horticulteurs d'Angers; et ensuite, aux débouchés qu'offrent aux produits agricoles les villes de Doué, Saumur, etc. Cette dernière surtout, dont le nombre des habitants égale, s'il ne surpasse, celui des villes réunies de chacun des arrondissements de Baugé et Segré, cette jolie ville, *bien assise et bien aérée,* comme dit une ancienne chronique, et qui, depuis longtemps, par le nombre et l'importance de ses maisons de commerce et par son École de cavalerie, a dû exercer une heureuse influence sur la production du sol, est riche en souvenirs historiques.

Longtemps habitée et devenue, en quelque sorte, la patrie adoptive d'un illustre personnage, Saumur est resté célèbre dans nos annales. Cependant, nul monument n'y rappelle la mémoire de Duplessis-Mornay. Les Saumurois ont sans doute pensé qu'il y en avait un qu'aucun autre ne pouvait égaler, nous voulons dire la reconnaissance des cœurs bien nés qui, dans tous les temps, savent rendre hommage aux rares vertus, à de grands services rendus à la cause des lettres et à la noblesse du caractère.

Si le bénéfice de l'exploitant est en raison du capital engagé dans l'exploitation, comme cela est naturellement supposable, les cultivateurs, dans cet arrondissement, doivent être plus aisés que dans les autres. Mais si le progrès agricole résulte, comme cela n'est pas douteux, de la réunion d'un certain nombre de conditions essentielles, nous n'hésiterons pas à le déclarer, notre opinion dût-elle sembler paradoxale, l'arrondissement de Saumur, sous ce rapport, nous paraît présenter moins de garanties que les autres contrées de notre département. Déjà quelques personnes, justement alarmées de l'extrême morcellement du sol dans plusieurs localités, ont remarqué que ce déplorable état de choses nuit à la production du bétail, et par conséquent des engrais, base de toute amélioration.

D'un autre côté, l'utile et conservatrice influence qu'exercent autour d'elles les grandes propriétés diminuant chaque année, il ne faut plus compter sur un juste équilibre, sans lequel il n'y eut jamais, en toutes choses, de véritables progrès. Et certainement, les machines économiques que la rareté des bras rend de plus en plus indispensables, s'y répandront encore plus tard que dans les autres arrondissements, où le régime agricole n'est pas en voie de subir la même transformation.

ARRONDISSEMENT DE CHOLET.

L'arrondissement de Cholet, dont la petite ville de Beaupréau était, il y a peu de temps encore, le chef-lieu, est limité au nord par la Loire, au sud, par les départements des Deux-Sèvres et de la Vendée, à l'est, par l'arrondissement de Saumur, et à l'ouest, par le département de la Loire-Inférieure. Cet arrondissement repose sur un sous-sol de roches granitiques schisteuses et calcaires; sa portion principale faisait autrefois partie de la Vendée, et c'est encore sous ce nom que nous la désignons aujourd'hui.

Cette contrée, qui rappelle de si touchants et si amers souvenirs, a été décrite bien des fois par les historiens et les agronomes.

Nous ne prétendons point ajouter au tableau qu'ils en ont tracé, nous nous contenterons de rappeler ici, en peu de mots, les traits les plus saillants qui la caractérisent.

De même que les roches schisteuses et granitiques dont il est formé, ce pays a l'aspect rude et âpre. Le sol, sans offrir de fortes collines, est partout ondulé, tourmenté, et divisé par champs de 2 à 3 hectares environ, entourés de haies, la plupart du temps composées de houx dont les branches sont pliées et entrelacées de manière à former des clôtures presque impénétrables. Des chênes en grand nombre, venus spontanément sur la ligne de ces clôtures et étêtés lorsqu'ils sont encore jeunes, forment des souches connues sous le nom de têtards et dont les émondes sont employées comme bois de chauffage.

Les chemins d'exploitation, tracés dans les plis du terrain, ressemblent souvent à de profonds et larges fossés.

Afin de suppléer aux grandes prairies situées sur le bord des rivières dont ils sont privés, les cultivateurs ont créé, et l'on rencontre à des distances rapprochées, de petits prés dont l'herbe fine, serrée et succulente, est arrosée par les nombreux ruisseaux qui coulent et circulent dans tous les sens.

Parmi ces ruisseaux, nous avons remarqué l'Irôme et l'Aubance, dont les noms harmonieux rappellent les petites rivières de la Grèce, et qui, comme eux, furent les témoins de ces luttes sanglantes que l'histoire enregistre pour l'enseignement des générations à venir, enseignement, hélas! bien stérile, car on les verra, n'en doutons pas, toujours et partout renaître, tant que l'esprit et le cœur des hommes seront agités et troublés par le souffle des discordes civiles.

Avant les longues guerres de notre première révolution, le régime féodal s'était empreint dans cette région d'un caractère tout patriarcal. Les seigneurs préférant la vie simple et indépendante des champs aux intrigues corruptrices des cours, quittaient peu leurs domaines; et ils ont prouvé qu'ils n'en étaient pas moins restés fidèles à la royauté. Propriétaires et fermiers y vivaient de la même vie, les plaisirs et les peines étaient partagés. La Vendée formait en quelque sorte une grande famille; cet état de choses si regrettable au point de vue de l'union, de la concorde, et des sentiments de mutuelle bienveillance, s'efface chaque jour de plus en plus sous l'influence du commerce et de l'industrie, ces deux puissances modernes. Cependant un observateur attentif retrouve encore dans quelques habitudes et certains usages, des traces de ces anciennes mœurs.

La Vendée, ou si l'on veut l'arrondissement de Cholet, est sans contredit la partie la plus riche de notre département, celle où la population agricole est la plus nombreuse, et la plus aisée et la moyenne de la rente y est aussi élevée que dans l'arrondissement de Saumur. La culture de quelques plantes à fourrage, et l'engraissement du bétail, sont les causes premières de cette richesse agricole, richesse dont l'augmentation a pris des proportions considérables depuis l'ouverture des routes stratégiques, créées sous le règne et le gouvernement libéral du roi Louis-Philippe. Les nouveaux débouchés qu'elles ont procurés aux marchandises de toute sorte, les facilités qu'elles ont données de pouvoir transporter les engrais et surtout la chaux, l'amendement le plus précieux pour un sol de cette nature, ont doublé la valeur de la propriété territoriale de la Vendée.

Le trèfle, les navets, et principalement deux à trois variétés de choux, sont les plantes alimentaires qui depuis très longtemps forment la base de la culture améliorante, et leur aspect n'est point sans attrait. Dans les belles matinées des mois d'octobre et de novembre, nous nous sommes plus d'une fois surpris à contempler avec admiration de grands champs plantés en choux ; leurs longues et larges feuilles sont alors chargées d'innombrables gouttes de rosée, d'où jaillissent comme d'autant de prismes les différentes couleurs de la lumière.

Nulle part on ne prodigue autant de soins, on ne sait distribuer avec autant d'intelligence la nourriture, aux animaux qu'on engraisse et qu'on élève.

Les qualités rares et remarquables de la race bovine de la Vendée, la méthode suivie par les fermiers durant l'élevage, et l'engraissement des animaux de cette espèce, nous engagent à citer ici plusieurs passages d'une étude complète qui ne saurait être trop répandue. Nous la devons à la plume élégante de M. Ch. de Sourdeval.

« La race du Bocage n'est pas, dit M. de Sourdeval,
» comme celle du Marais, une race de prairie, uni-
» quement façonnée pour le sol; elle est au contraire
» rassemblée de très près sous la main de l'homme;

« elle passe à l'étable la majeure partie de son temps,
» y reçoit sa nourriture la plus substantielle, en sort
» tous les jours pour une promenade de santé plu-
» tôt que d'alimentation. Le bœuf vit ainsi dans la
» société continuelle de son maître ; il est élevé, traité
» doucement par lui : au travail même, les mauvais
» traitements lui sont soigneusement épargnés, ils
» sont remplacés par une série interminable de
» termes d'amitié, de paroles encourageantes et per-
» suasives...... La race bovine du Bocage porte émi-
» nemment les caractères d'une race homogène et an-
» cienne, ses formes sont prononcées, et d'une si-
» militude d'autant plus invariable que le goût des
» détenteurs ne permet pas d'écarts. Ces animaux
» passent rarement leur vie entre les mains d'un
» même maître : nés chez l'un, ils sont souvent éle-
» vés chez un second qui les cède à un troisième
» pour le commencement du travail, puis celui-ci à
» un quatrième pour le travail sérieux. De là ils pas-
» sent à l'herbager ou à l'engraisseur. Ce change-
» ment réitéré de maîtres, les soumet pendant le
» cours de leur vie à un contrôle perpétuel, à une
» critique sévère, dont le résultat est de provoquer
» la régularité, l'unité dans les formes, et en même
» temps les signes distinctifs de l'aptitude au tra-
» vail et à l'engraissement.
» Tout porte à croire que la race du Bocage existe

» depuis fort longtemps dans son état actuel, car
» les caractères qui lui sont propres, la font différer
» profondément des races circonvoisines.....
» Cette race si identique dans ses caractères géné-
» raux, diffère toutefois de taille et de qualité sui-
» vant les lieux; c'est-à-dire suivant les ressources
» que lui offrent le sol, l'agriculture, et surtout les
» soins..... Son type consiste dans un front large et
» plat, nez droit gros et court, cornes longues et ef-
» filées, blanches dans la première et la plus grande
» partie de leur longueur, noires à l'extrémité.... Le
» col doit être court et musculeux, le fanon détaché
» et mobile, les épaules épaisses, bien descendues,
» non surmontées de garot : la poitrine large et forte,
» la ligne du dos droite, les côtes amples, arron-
» dies, les hanches larges mais recouvertes par les
» muscles, de manière à n'être pas trop saillantes ;
» la croupe étendue presque horizontale, la naissance
» de la queue effacée dans la croupe ; la queue pen-
» dante, longue, fournie de crins noirs à son extré-
» mité. Les cuisses musclées et droites, doivent
» autant que possible former le carré avec la saillie des
» hanches. Les jarrets sont larges, secs et droits; les
» jambes d'aplomb, fortes, la peau fine et moëlleuse.
» Nulle autre robe n'est admise dans toute la race du
» Bocage, que la robe froment, exempte de taches

82

» blanches ; elle varie seulement d'un ton plus vif, à
» un ton plus pâle...... Toute la race naît avec une
» couleur brune très prononcée, mais qui s'éclaircit
» graduellement avec l'âge, et finit quelquefois par
» une nuance blanchâtre. Le tour des yeux, du mu-
» fle ainsi que la culotte, doivent présenter ce du-
» vet d'un blanc perlé que l'on retrouve au nez, aux
» yeux, à la *culotte* du chevreuil. Le mufle, les yeux
» noirs et brillants, se détachent comme chez l'élé-
» gant quadrupède que nous venons de nommer,
» de la blanche et soyeuse auréole qui les entoure ;
» les yeux et le mufle rouges, les cornes blondes, les
» robes blanches, noires ou mélangées, sont incon-
» nus dans la race, et rejetés comme hérésies

» Jusqu'ici les cultivateurs du Bocage ont professé
» un véritable culte pour leur race, ils n'ont jamais
» admis à la reproduction que des animaux offrant
» les caractères que nous venons d'énoncer, et l'ex-
» périence a démontré que dans la race dont il s'agit,
» ces caractères concordent avec les meilleures con-
» ditions pour le travail, pour l'engraissement et pour
» la finesse de la viande. Aucune race peut-être ne
» réunit à un aussi haut degré, le double caractère
» de race travailleuse et de race succulente..... Les
» veaux boivent souvent le lait de deux vaches, et
» souvent ils reçoivent une alimentation choisie. On

» pense avec raison que de ces premiers soins dé-
» pend tout leur avenir. Les formes bien développées
» dans l'enfance présagent une bonne et saine cons-
» titution qui se prête à toutes les aptitudes. Ces
» animaux sont faciles à élever et d'une douceur re-
» marquable ; adultes ils ont la démarche ferme et
» aisée, sont courageux au travail ; vieux ils s'en-
» graissent facilement et à l'aide de récoltes sar-
» clées.....

» Le principal mouvement du bétail vendéen s'o-
» père à l'intérieur même du Bocage : presque sur
» tous les points, on le fait naître, on l'élève, on
» l'emploie à l'agriculture, on l'engraisse. Mais au-
» dessus de ce mouvement local domine un courant
» supérieur qui prend sa source dans l'élevage im-
» mense des Herbiers, Pouzauges, Parthenay, qui fait
» circuler la race de ces localités dans tout le mas-
» sif du Bocage, qui la dirige particulièrement du
» nord au midi pour le travail, et qui la ramène vers
» le nord pour l'engrais : car c'est particulièrement
» sur la rive droite de la Sèvre, c'est dans le delta
» compris entre cette jolie rivière et la Loire, qu'est
» le grand atelier d'engraissement. Là des milliers
» de bœufs vétérans du travail, répartis en des éta-
» bles obscures et chaudes, sont l'objet de soins as-
» sidus pour revêtir la parure de l'holocauste , puis

» des marchés de Cholet, de Montrevault, ils s'en-
» volent en chemin de fer vers Poissy, théâtre de
» leur dernier triomphe, et de là vers Paris, lieu du
» sacrifice inéluctable.

» Dans cette race, la vache est sensiblement plus
» petite que le bœuf; ses formes potelées sont en
» même temps légères, délicates; on demande pour
» elle la même robe, la même coiffure, enfin le même
» cachet de race que pour les bœufs.... Les vaches
» de la Vendée ne vont pas comme les mâles, courir
» les aventures d'un commerce lointain ; modestes
» ménagères, elles restent au village où leur fonction
» unique est de perpétuer et d'étendre la famille
» dans tous les priviléges de sa race. Leur lait est
» employé à la nourriture des élèves, sauf la portion
» nécessaire pour les besoins de la ferme. C'est un
» principe admis parmi les bons cultivateurs du pays,
» qu'on ne doit porter au marché ni lait ni beurre,
» qu'on ne doit y conduire que des veaux et des gé-
» nisses bien nourris, et cette généreuse idée est une
» des causes principales du beau développement et
» de toutes les qualités de l'espèce. Les villes de
» Nantes, d'Angers et autres, attirent quelques va-
» ches qui sont choisies à l'âge adulte, sur les ap-
» parences de leurs qualités lactifères.

» La manière dont cette race est traitée, nous a

» conduit à une observation qui est applicable à tou-
» tes les races d'animaux domestiques : qu'avec beau-
» coup de soin, une nourriture bien appropriée, les
» races s'améliorent facilement *en dedans*, et arrivent
» à un degré élevé de perfection, sans le secours de
» croisements extérieurs ; qu'elles prennent alors un
» type, un cachet qui leur est particulier. Une race,
» au contraire, est-elle mal soignée, insuffisamment
» nourrie, par le fait de l'homme et du sol, elle tend
» à dégénérer. Elle a besoin d'être retrempée sans
» cesse par le croisement, soit du type supérieur qui
» lui est propre, soit de toute autre race choisie à
» défaut de type..... Cette race est un des spécimens
» les plus remarquables de l'amélioration *en dedans*,
» ramenant sans cesse les générations vers un type
» déterminé, dans lequel se rencontrent la plupart
» des grandes qualités de l'espèce ; régularité, beauté
» mâle dans les formes, force, courage au travail,
» chair délicate, de telles qualités ne s'obtiennent
» qu'à force de soins et de persévérance. Elles ne
» sont jamais produites par les caprices du sol et du
» climat. C'est à l'étable que se forment comme chez
» nous, les belles races de Fribourg, de Schwitz, de
» Durham. C'est à l'écurie que se fait le cheval per-
» cheron..... Les meilleurs pâturages, quand ils
» agissent seuls, laissent, au contraire, toujours

» de l'irrégularité, du décousu dans une race.....

» Mais qu'entends-je? un bruit inquiétant frappe
» mes oreilles depuis quelque temps; la multiplica-
» tion et l'amélioration des routes, me dit-on, don-
» nent tant de facilités pour aller vendre à la ville,
» le lait, le beurre, les œufs, et élèvent si fort la va-
» leur de ces marchandises à débit journalier, que
» la ration du jeune bétail, naguère si généreuse,
» est aujourd'hui menacée d'une réduction déplora-
» ble. Déjà sur plusieurs points, au lieu de faire té-
» ter deux vaches par un veau, on ne donne qu'une
» vache pour deux, avec l'eau du ruisseau pour sup-
» plément; qu'à cette industrie de faubourg, il y ait
» profit pécuniaire, c'est possible, mais c'est sacri-
» fier une vraie et solide richesse à l'appât d'un
» paiement à court terme. C'est du reste, hélas!
» non-seulement le penchant de notre agriculture,
» mais de toute notre production française : réduire
» tout en petites choses, diviser tout à l'infinitésimal!
» Chez nous, la science théorique bâtit de magnifi-
» ques châteaux en Espagne, et vit dans la contem-
» plation de progrès imaginaires, tandis que, la
» plupart du temps, une brutale et avare pratique
» démolit tout, réduit tout en poussière..... »

A cette charmante description si vraie en tous
points, et que nous avons été forcé d'abréger à notre

grand regret, nous prendrons la liberté d'ajouter quelques observations.

Pas plus que les autres sciences et la littérature, l'agriculture, cette science presque toute de pratique, ne devait être à l'abri des atteintes du néologisme. Les créateurs de nouveaux mots veulent absolument qu'on les prenne au sérieux. Nous avons déjà les mots *intensif* et *extensif*, pour nous apprendre que les systèmes de culture varient selon les circonstances au milieu desquelles l'agriculteur se trouve placé. Aujourd'hui, c'est du mot *spécialisation* que va s'enrichir la langue agricole. Assurément, un Molière, un Watt n'eussent pas combattu avec plus de chaleur le vil plagiaire des œuvres de leur génie, que ne l'ont fait deux hommes fort instruits, fort honnêtes, et reconnus pour tels, afin de nous démontrer lequel des deux s'était mis dans la tête de créer ce mot. Quel beau sujet de guerre! et, pour les agriculteurs, quelle source de fécond enseignement! comme ils vont bien mieux comprendre l'importance de faire, parmi les diverses races, un choix approprié au genre de service qu'ils se proposent de leur demander!

Quand donc les hommes sérieux renonceront-ils à cette manie? Elle ne peut rien sur la marche des choses, et c'est toujours avec peine que nous voyons des hommes d'un savoir incontestable, se laisser prendre aux illusions, et suivre des procédés qu'ils devraient une bonne fois abandonner à ces esprits qui, sous la nouveauté de l'expression, cherchent à cacher la pauvreté de leurs idées.

C'est encore ici le lieu de nous expliquer en peu de mots, sur une question débattue depuis long-temps, véritable champ clos, où viennent de tous côtés s'escrimer les combattants. — Imitez, disent les uns, les cultivateurs anglais, belges, et d'une partie de la France ; remplacez absolument vos bœufs par les chevaux dans les travaux de la culture. Voyez! partout où l'agriculture est riche, prospère, cette substitution a eu lieu. Prenez garde, répondent les autres, d'apporter des changements trop brusques à de vieilles habitudes, vicieuses à vos yeux, mais dont les désavantages n'ont point encore été suffisamment démontrés. Non, assurément, cette question n'a point encore reçu de solution définitive, pour tous les cas. Sans doute, là où des raisons péremptoires ont opéré ce changement, là où les cultivateurs s'en trouvent bien, ils ont raison d'élever des animaux de l'espèce bovine, uniquement pour la boucherie, et de choisir en conséquence des races d'un engraissement précoce; mais pour ceux qui ne sont pas encore convaincus que le travail des bœufs est moins profitable et moins économique que celui des chevaux, on conçoit qu'ils résistent à vos conseils.

Quant à nous, persuadé comme nous le sommes depuis longtemps, qu'il est impossible de rencontrer parmi nos races indigènes, et peut-être les races étrangères, des animaux plus rustiques et meilleurs travailleurs que les bœufs vendéens, et dont la qualité de la viande est reconnue pour être préférable à celle de toute autre, nous recommanderons aux cultivateurs, chaque fois que l'occasion se présentera, de ne pas se laisser entraîner, de continuer à maintenir, pure de tout mélange, la race précieuse qu'ils possèdent, de continuer à l'employer aux travaux de la culture; et si, par malheur, comme le bruit s'en répand, l'appât du gain leur fait tenter quelques croisements, qu'ils se hâtent d'y renoncer s'ils ne veulent voir promptement dégénérer cette race qu'on leur envie, et qui a fait l'admiration des nombreux visiteurs venus de tous côtés à notre dernière exposition nationale.

Cependant, si un excédant de nourriture, ou si d'autres motifs les engagent à engraisser un plus grand nombre d'animaux qu'il ne s'en trouve dans leurs étables, qu'ils choisissent alors, et ils feront bien, des bêtes de races différentes ou croisées; hors de là qu'ils les repoussent.

N'oublions pas d'ajouter, que si ces animaux de race anglaise, dont on use et abuse comme reproducteurs en les croisant avec toutes nos races, sont susceptibles d'un engraissement facile et précoce, il n'en est pas moins certain que cet état d'embonpoint ne peut être maintenu qu'à l'aide d'une nourriture abondante et riche en principes nutritifs. Les animaux de race anglaise, quoi qu'on en puisse dire, sont de grands consommateurs, et la propriété dont ils sont doués ne compense pas toujours leur dépense. L'état de graisse auquel on s'efforce de les amener, surtout pour les concours, commence à inspirer le dégoût, et déjà dans le récit des expositions en Angleterre, nous voyons qu'il est arrivé plus d'une fois, d'éloigner des concours des animaux dont l'embonpoint soulevait plutôt la répugnance qu'il n'excitait l'admiration, tant il est vrai qu'il y a des bornes en toutes choses, et que l'excès gâte tout.

Les batteurs mécaniques, et d'autres instruments perfectionnés, ont pénétré dans cet arrondissement comme dans les autres. Les semoirs y sont peu connus, le blé et les autres céréales sont encore semés à la volée, et pour préserver le froment des maladies qui l'attaquent, surtout de la carie, on emploie, depuis quelques années, le sulfate de cuivre concurremment avec la chaux. Cet usage se répand dans toutes les autres parties du département : l'emploi de plus en plus considérable de cette substance, justifie l'utile propriété dont on affirme qu'elle est douée.

Les terres destinées à être plantées en choux sont depuis fort longtemps labourées en planches. Toutes les autres, et pour les mêmes raisons sans doute que celles dont nous avons déjà donné l'explication, sont en petits billons, et les labours toujours exécutés dans la même direction.

Après un certain temps, le terrain des champs sur lequel un pareil labourage est ainsi pratiqué, se trouve relevé aux extrémités et creusé vers le centre. Alors les eaux pluviales entraînées vers la partie déclive, y entretiennent par un séjour plus ou moins prolongé suivant la nature du sol, une humidité préjudiciable à la végétation. Ce grave inconvénient a longtemps subsisté avant qu'on ait songé à y porter remède. Enfin, depuis une vingtaine d'années, les cultivateurs se sont décidés, et tous suivent actuellement l'excellente méthode désignée par le mot de *déboutement* dans certaines localités, et qui consiste dans le transport à l'extrémité des champs, de la chaux et des fumiers destinés à former un mélange avec la terre qu'on a préalablement labourée aussi profondément que possible ; puis on enlève ces composts que l'on transporte dans le champ même où ils ont été faits. De cette sorte on abaisse les parties relevées, et l'on comble les parties creuses. Ils ont en outre imaginé l'excellent instrument appelé *drague*, immense pelle creuse sur laquelle ils attèlent bœufs et chevaux, et dont ils se servent pour porter les parties élevées du sol dans les parties basses, lorsque la distance qui sépare les unes des autres rend ce travail facile et économique. Cette manière de *débouter* et de niveler est une des améliorations les mieux entendues et des plus indispensables. Elle a passé dans la plupart des autres contrées de notre département.

Les différentes espèces de plantes fourragères introduites dans cet arrondissement, ont conduit les cultivateurs, comme nous l'avons déjà fait remarquer, vers un autre assolement que celui qu'ils suivaient jadis. C'est au développement de cette culture qu'il faut attribuer en grande partie la disparition presque totale des champs de genêts qu'on y voyait autrefois. Ces genêts parvenus à la hauteur des taillis étaient abattus, brûlés, et leurs cendres servaient d'engrais. Les amateurs des scènes de la nature doivent les regretter. Au moment de leur floraison, ils répandaient sur le paysage un air de gaîté. Malheureusement, dans l'industrie agricole, comme dans toutes les autres, il n'est pas toujours possible de réunir l'agréable à l'utile, et souvent l'un doit être sacrifié à l'autre.

L'arrondissement de Cholet, comparé sous le rapport de ses produits avec l'arrondissement de Saumur, présente la même série de contrastes qu'offrent entre eux les arrondissements de Segré et de Baugé. Ici, plus de sainfoin, peu de luzerne, peu de vignes, peu de plantes textiles. Plus de noyers, mais des chênes, et parmi les arbres fruitiers, un plus grand nombre de pommiers.

Les animaux domestiques, ceux de l'espèce chevaline, sortent généralement de la race du Poitou. Les porcs appartiennent aux races de l'Anjou. Aux yeux des cultivateurs, l'engraissement des bœufs est préférable à celui des porcs, ils n'engraissent guère ces derniers que pour la consommation sur place.

Le bail à moitié fruits est encore assez commun, mais le bail à prix d'argent tend à le remplacer. L'ancien esprit de conservation dont la Vendée fut un des foyers les plus énergiques, oppose encore une certaine résistance au morcellement du sol, on y éprouve plus de peine à se séparer de l'habitation à laquelle se rattachent les joies de l'enfance et les souvenirs de la famille. Les domaines d'une assez grande étendue n'y sont pas rares. Beaucoup de propriétaires ont le bon esprit de résider une grande partie de l'année sur leurs terres. Quelques-uns, dirigeant eux-mêmes leurs exploitations, introduisent les meilleurs procédés : M. Cesbron-Lavau est du nombre. Depuis bien des années, le nom de cet habile éleveur n'a jamais manqué de figurer parmi ceux des lauréats dans les concours régionaux et de la capitale.

Les établissements industriels de la ville de Cholet, dont le nombre et l'importance ont beaucoup augmenté, doivent être mis au rang des éléments de prospérité qui ont exercé une influence marquée sur le développement de l'industrie agricole de cette contrée.

ARRONDISSEMENT D'ANGERS.

L'arrondissement d'Angers, entouré et limité par les quatre contrées que nous venons de décrire, repose sur un sol presque entièrement schisteux, dont la décomposition opérée par le temps, a formé la couche arable.

De nos cinq arrondissements, celui d'Angers réunit au plus haut degré le pittoresque à la richesse des cultures. Lorsque dans la belle saison on arrive d'Angers aux Ponts-de-Cé, que l'on s'avance sur le nouveau pont, l'un des plus beaux de France, et que la vue s'étend au loin, à droite et à gauche, sur les îles et les campagnes traversées par le large cours de la Loire, le spectacle prend un aspect grandiose, que les étrangers saluent toujours de leurs exclamations admiratives.

Sur les collines de la partie du nord et du nord-ouest, quand on suit les routes qui conduisent aux bourgs de Briolay, de Prunier, de Montreuil-Belfroi, l'on trouve également des points de vue délicieux, que tout le monde veut connaître, et qui nous charment chaque fois qu'ils viennent se placer sous nos yeux.

Des ruines antiques, certaines dénominations caractéristiques des anciens âges, *les Ponts-de-Cé, la Roche-Foulque,* sont venues jusqu'à nous. Elles nous rappellent d'une part le séjour des armées romaines lorsqu'elles pénétrèrent dans l'arrondissement d'Angers, sous la conduite des lieutenants du grand conquérant des Gaules, et qu'il fut soumis plus tard au gouvernement des fameux comtes d'Anjou, dont les qualités du cœur ne répondirent pas toujours à l'énergie du caractère.

On remarque dans cet arrondissement une grande

variété dans les productions du sol : le chanvre et le
lin dans les terrains d'alluvion des bords de la Loire,
la vigne sur les côteaux du Loir, de la Maine et de
la Loire. De vastes prairies naturelles, des vergers
composés des principales espèces d'arbres fruitiers,
de riches cultures maraîchères, dont les produits et
les primeurs surtout, sont transportés par les chemins de fer sur les marchés de Paris. De grandes
pépinières, de nombreux établissements d'horticul-
ture, dont quelques-uns ont acquis une juste célébrité, qu'ils doivent à la grande variété de fleurs,
d'arbres fruitiers et d'ornement qu'on y élève et cultive avec intelligence, enfin des céréales d'espèces
différentes ; les soins attentifs dont elles sont l'objet, sont récompensés par la réputation et le prix
élevé du froment, recherché pour semence par les
agriculteurs. Tout le monde a entendu parler avec
éloge du *blé gris de Saint-Laud,* choisi comme type
de cette variété.

A l'occasion de la culture des céréales et des prix
du froment, nous croyons utile de dire en passant
quelques mots sur un sujet sans cesse remis sur le
tapis, cause d'interminables discussions, et de fréquentes récriminations, souvent injustes.

Quand le prix du double-décalitre de froment
(mesure actuellement et partout en usage) dépasse

LE ROSSIGNOL.

—

Le rossignol! — Quel nom! et quels souvenirs!
Alexandre, César, Napoléon, Homère et Virgile;
ah! certes votre mémoire passera de siècle en siècle,
jusqu'à la postérité la plus reculée. Eh bien! au nom
de la vérité, et malgré tout mon respect, souffrez
que je vous le dise : vous avez fait battre moins de
cœurs, arraché moins de cris d'admiration que ce
petit oiseau. Mais qu'en dirais-je? oserais-je en
parler, moi chétif, quand d'aussi beaux génies ont
épuisé ce que la parole humaine a de plus éloquent
pour célébrer la voix de ce chantre de la nature? On
ne me le pardonnerait pas, et d'ailleurs, toute la
vie du rossignol se résume en un point. Il vit pour
chanter jour et nuit, à chaque heure; toujours il
chante, sa vie n'est qu'un chant.

3·

LE ROUGE-GORGE.

Un soir, dans les derniers jours du mois de janvier, lorsque le froid qui rendit mémorable l'année 1829, arrivait à son apogée, je traversais le village de Pellouailles, j'étais descendu de voiture et frappais la terre à coups redoublés pour me réchauffer. Tout à coup j'entendis un jeune villageois dont l'aimable physionomie annonçait les heureuses qualités du cœur. En dépit de la froidure, je m'arrêtai aux paroles qu'il prononçait :

D'où arrives-tu, disait-il, gentil oiseau, pourquoi viens-tu vers moi? Comme tu me regardes avec tes grands yeux noirs, fixes et brillants. Tu vas, tu viens *en trottillant* et en agitant doucement tes ailes; tes plumes sont rebroussées, tu fais le gros, je crois que tu as grand froid, eh bien! viens réchauffer tes membres engourdis; tiens, entre, approche-toi du feu! Et comme s'il l'eût entendu, l'oiseau s'élança sur ses pas, et d'un coup d'aile traversa l'appartement et vint se poser sur le chenet du foyer; c'était un rouge-gorge. Il n'y resta pas longtemps, bientôt il fit entendre deux ou trois petits cris, qu'on eût pu prendre pour des remercîments adressés à son jeune bienfaiteur, et s'échappa par la fenêtre après avoir voltigé autour de la chambre.

Cette petite scène que j'aime à me rappeler n'étonnera personne, je le sais, car tout le monde a observé le rouge-gorge, et chacun peut avoir quelques traits semblables à raconter.

Cet oiseau semble préférer l'automne aux autres saisons. A cette époque de l'année on l'entend souvent chanter le matin, et surtout le soir quand l'air est calme. La douceur et l'innocence de ses mœurs, l'attrait qu'il parait avoir pour nos demeures, les accents mélancoliques de sa voix plaintive, les sentiments de commisération qu'il éveille dans notre âme affligée par les tristes jours de l'hiver, alors qu'il vient chercher un refuge dans nos appartements; toutes ces circonstances devaient faire distinguer le rouge-gorge par les personnes douées d'une imagination vive et sensible. Aussi est-il comme l'hirondelle, un des oiseaux chéris des romanciers et des poètes.

Le rouge-gorge, comme l'indique son nom, a le plumage de la gorge rouge, ou plutôt d'un jaune foncé. Il se nourrit de vermisseaux, d'insectes et de fruits, qu'il vient prendre et becqueter à vos pieds, fait son nid dans les trous des mulots, des rats et des taupes, le long des fossés garnis de haies. Il est très curieux, et bien qu'il soit impossible de dompter son amour pour l'indépendance et la liberté, on le prend facilement ; à la pipée c'est le premier arrivé.

L'OISEAU DE PROIE, L'ÉPERVIER

ET LA CRÉCERELLE.

Presque tous les oiseaux ont de la douceur dans la voix, leur chant qui peut servir à les reconnaître est souvent agréable. Seul entre tous, l'oiseau de proie, surtout celui qui se nourrit de chair palpitante, se distingue par des cris aigus, véritable chant de guerre, indice de ces instincts féroces, et dont il semble faire usage dans le but unique d'inspirer la terreur, et de glacer d'épouvante ses malheureuses victimes.

Jamais je n'ai observé les oiseaux de proie, étudié leurs mœurs, contemplé leur physionomie accentuée et accusatrice, sans qu'aussitôt ils ne me rappelassent certains passages des *Soirées de Saint-Pétersbourg*, où M. le comte de Maistre cherche à démontrer *que la guerre est divine*, un *chapitre de la loi générale qui pèse sur l'univers.*

Quel bizarre rapprochement! quel rapport, va-t-on demander, peut-il y avoir entre les Soirées de Saint-Pétersbourg et les oiseaux de proie! On va le voir.

Dans le vaste domaine de la nature vivante, dit M. le comte de Maistre, « il règne une violence ma-
» nifeste, une espèce de rage prescrite qui arme
» tous les êtres, *in mutua funera*.... Une force à la
» fois cachée et palpable se montre continuellement
» occupée à mettre à découvert le principe de
» la vie par des moyens violents. Dans chaque
» grande division de l'espèce animale, elle a chargé
» un certain nombre d'animaux de dévorer les au-
» tres. Ainsi il y a des insectes de proie, des rep-
» tiles de proie, des oiseaux de proie, des quadru-
» pèdes de proie. Il n'y a pas un instant de la durée
» où l'être vivant ne soit dévoré par un autre. Au
» dessus de ces nombreuses races d'animaux est
» placé l'homme, dont la main destructive n'épargne
» rien de ce qui vit. Il tue pour se nourrir, il tue
» pour se vêtir, il tue pour se parer, il tue pour at-

» taquer, il tue pour se défendre, il tue pour s'ins-
» truire, il tue pour s'amuser, il tue pour tuer.....
» Le carnage permanent est prévu et ordonné dans
» le grand tout. Mais cette loi s'arrêtera-t-elle à
» l'homme ? Non, sans doute. Cependant quel être
» exterminera celui qui les exterminera tous ? Lui,
» c'est l'homme qui est chargé d'égorger l'homme. »

Il a été de mode dans un certain monde de se faire
l'admirateur des œuvres du comte de Maistre ; je
n'en suis point étonné, je ne dis pas non plus qu'on
ait tort, seulement je crains l'excès de zèle ; un peu
moins d'enthousiasme ne gâterait rien à l'affaire,
permettrait de juger plus sainement, laisserait faire
la part aux défauts essentiels dont elles ne sont
point exemptes, j'ose l'attester. Je n'ai point, toutefois, et l'on ne me supposera pas, j'espère, l'intention d'en faire la critique, ce ne serait point ici
le lieu et cela me mènerait trop loin, je reviens
à l'épervier.

Voilà donc, m'écriai-je un jour qu'un épervier
était venu me ravir, avec la rapidité de l'éclair, un
joli petit chardonneret perché sur une baguette que
je tenais à la main, voilà un de ces êtres mystérieux
destinés, par la volonté divine, à prendre sa part dans
le *carnage universel*. Faut-il le plaindre ou le mau-
dire ! ni l'un ni l'autre, peut-être, si je dois en croire

les accents prophétiques du noble comte. Eh pourquoi n'y croirais-je pas! voyez comme cette loi se traduit par l'effroi qu'il inspire sur son passage, malgré la rapidité et le silence de son vol; on dirait qu'une certaine odeur de sang et de meurtre l'environne et le précéde. Que de fois j'ai été averti de l'approche d'un de ces oiseaux par des cris particuliers des coqs et des poules de ma basse-cour, et par l'empressement des poussins à se précipiter sous les ailes de leur mère. Cependant tous ces signes de terreur étaient manifestés bien avant qu'il fût possible aux uns et aux autres de l'apercevoir au-dessus de la cour, que des bâtiments élevés entourent de toutes parts.

Ainsi que le voleur et le brigand, l'oiseau de proie mène une vie solitaire et retirée; doué d'une organisation toute spéciale, il sait s'en servir avec une audacieuse énergie pour la satisfaction de ses instincts cruels.

Le silence presque absolu qu'il observe, son air rêveur, son attitude constamment observatrice, ses yeux perçants et munis d'une épaisse membrane qui lui permet de les tenir toujours ouverts, même en face de la plus vive lumière, la puissance musculaire de ses longs doigts armés d'ongles aigus et tranchants, sa grosse tête, son bec court et crochu, son plumage fauve, tout annonce chez cet oiseau un de ces êtres nés pour l'attaque et le meurtre ; insensible et sans remords, c'est un véritable bourreau.

Les oiseaux surpris et qu'il a comme magnétisés par la puissance terrifiante de son organisation, se laissent souvent tuer sur place. Immobiles de terreur, ils craignent d'en appeler à leurs ailes pour se sauver, certains d'offrir une prise assurée aux serres de leur redoutable ennemi sitôt qu'ils auront pris leur vol.

Il y a peu de temps, j'ai sauvé de la mort un malheureux pigeon attaqué par une crécerelle ; blotti contre terre il se laissait arracher des pinceaux de plumes plutôt que de chercher à fuir ; la stupeur dont il était frappé allait le perdre si je n'étais arrivé à temps pour le soustraire aux coups redoublés de son assassin.

vaux et d'animaux appartenant aux autres espèces. Des courses ont également lieu chaque année sur un hippodrome situé aux portes de la ville d'Angers, mais nous n'avons pas de fermes écoles, on sait les raisons qui nous ont privés et nous privent encore de cette utile institution. Enfin nous avons tous les cinq ans des concours régionaux qui se tiennent à Angers.

Voyons le degré d'estime que doivent nous inspirer ces divers moyens d'encouragement.

Il n'est aucune branche de l'art agricole sur laquelle on ait plus écrit, que sur l'amélioration des races de chevaux, et dont le gouvernement se soit occupé avec plus d'activité et de persévérance.

Des discussions récentes nous ont appris que l'utilité des haras était restée douteuse pour un grand nombre de personnes; cependant si les opinions sont partagées sur leur efficacité, les savants et les hommes de pratique s'accordent sur divers points qu'il importe de signaler : 1º Tous regardent le régime comme la base de l'amélioration, reconnaissent qu'il ne faut point l'essayer, dans un pays où l'agriculture ne peut encore offrir aux animaux une nourriture abondante et variée. Que des races améliorées s'appauvrissent en passant d'une contrée riche en plantes fourragères, dans une autre, où elles ne trouveront pas une nourriture suffisante ;

2° Qu'il est préférable d'améliorer les races indigènes par elles-mêmes ; que si l'emploi du sang Anglais, présente l'avantage de leur donner des qualités qui leur manquent, d'un autre côté il a l'inconvénient de leur inculquer souvent de graves défauts, une bouche dure, un tempérament irritable qui rend les chevaux désagréables et dangereux ; que d'ailleurs l'on parviendrait sûrement à leur donner toutes les qualités désirées en augmentant les bons soins, surtout la ration d'avoine, ainsi que cela se pratique dans le pays ou a été créée la belle race Percheronne ;

3ᵉ Qu'il est facile de trouver dans la Bretagne, le Perche, la Normandie, le Poitou et ailleurs, de très bons reproducteurs ; soit qu'on veuille obtenir des animaux de trait, limoniers, *diligenciers* ; soit des chevaux forts et distingués, pour les attelages de luxe, et même d'excellents chevaux de selle.

Enfin de tous côtés l'on paraît revenir et se ranger à l'opinion qu'il convient de s'en rapporter à l'industrie privée, aujourd'hui que la culture des plantes à fourrages a partout pris un grand développement ; qu'elle nous procurera aux meilleures conditions toutes les races de chevaux, en sachant les approprier aux divers services que nous réclamons, et cela, parce qu'elle est, quoi qu'on en ait dit (l'expérience le démontre), le meilleur juge et le plus intelligent appréciateur des besoins de la société.

Depuis une trentaine d'années nous avons des hippodromes sur tous les points du territoire, où des courses de chevaux ont lieu chaque année. Convaincus qu'elles étaient une des causes les plus puissantes de l'amélioration de la race chevaline chez les Anglais, nous avons jugé à propos d'importer cet usage; voici cependant ce que pense à cet égard Mathieu de Dombasle, dont l'opinion a souvent fait autorité, et peut nous servir de règle sur bien des sujets relatifs à l'amélioration des diverses branches de l'industrie agricole.

« J'ose affirmer, dit-il, qu'on s'est mépris en pre-
» nant pour cause de cette amélioration, une insti-
» tution qu'elle a amenée comme circonstance ac-
» cessoire dans une branche particulière de cette
» amélioration, et qui a trouvé des racines, d'abord
» dans le besoin particulier à la nation Anglaise,
» de chevaux destinés à la chasse, besoin qui a donné
» un haut prix à la vitesse des animaux, et ensuite
» dans le goût particulier des Anglais pour le jeu des
» paris, qu'il n'est pas très important de naturaliser
» chez nous. »

Nous partageons depuis longtemps le sentiment de

notre illustre agronome: au fait depuis la création des courses, quel est l'observateur attentif, consciencieux et impartial, qui oserait affirmer qu'elles ont eu une influence marquée sur l'amélioration de nos races?

Les courses à notre avis n'ont été et ne seront probablement jamais qu'un spectacle, une récréation pour un certain monde qui se fait gloire de viser à l'excentricité; et peut-être ce genre de spectacle n'offrira-t-il jamais à l'œil du spectateur ce caractère grandiose, que présentent depuis longtemps les courses en Angleterre, où l'on voit tout un peuple accourir, grands et petits, riches et pauvres, comme à la célébration d'une fête nationale.

Aujourd'hui l'expérience a prononcé, il n'est plus permis de croire qu'elles sont un moyen efficace d'amélioration, et d'ailleurs est-ce que nous avons eu besoin de courses publiques pour former nos belles et excellentes races de chevaux, Normands, Percherons, Limousins, Bretons, et même les races Espagnoles qui se distinguent par leur supériorité pour le service de la selle? Il est même très probable, si les éleveurs s'étaient laissé prendre aux belles promesses des enthousiastes, que les courses auraient fini par gâter nos belles races, parce qu'elles auraient eu pour résultat de faire placer en première ligne la vitesse, qui pour nous ne doit être qu'une qualité accessoire, et que l'on eût été disposé à lui sacrifier celles qui font leur mérite spécial.

Considérées sous leur véritable aspect, les courses, nous le répétons, ne sont autre chose qu'un spectacle, une occasion offerte au monde élégant de se montrer et de briller, mais pour ceux qui vont au fond des choses, les hippodromes n'ont produit jusqu'ici que du jeu et des contusions, chose plus triste encore des membres fracturés et un beaucoup trop grand nombre d'hommes et de chevaux tués. Si c'est là ce qu'on appelle un encouragement à l'agriculture, on conviendra que le doute est bien permis.

Des primes accordées aux éleveurs d'animaux destinés à des services spéciaux, nous semblent un moyen beaucoup plus sérieux et plus convenable, car il aurait évidemment pour résultat, d'encourager la production, et de rendre plus rapide l'amélioration des animaux recherchés pour la satisfaction de nos besoins journaliers. Les conseils généraux feraient, selon nous, une œuvre de judicieuse et bonne administration, s'ils prenaient la résolution de convertir en primes de cette nature, les fonds qu'ils accordent aux courses.

Encourageons cet exercice de notre présence, voir même de nos applaudissements ; plaignons surtout les pauvres victimes d'un amour-propre assurément peu digne d'indulgence, soit! mais gardons-nous de prendre au sérieux ce qui n'est en réalité qu'un stérile amusement.

Si malgré leur longue existence l'utilité des haras est encore contestée et fort contestable ; si les courses ne doivent plus figurer au nombre des encouragements réels et positifs, il n'en est pas ainsi de l'institution des fermes écoles. Toutes ont fourni leur contingent et formé d'habiles agriculteurs, dont les uns sont devenus directeurs des fermes modèles, et les autres d'excellents régisseurs chez les grands propriétaires désireux d'améliorer leurs cultures et de donner l'exemple des bonnes méthodes. L'utilité de ces établissements, on peut le dire, doit être regardée comme ayant acquis la force de la chose jugée.

Nous avons la même opinion à l'égard des comices. Les primes distribuées dans les concours, par ces associations, aux laboureurs et aux éleveurs, ont certainement, tout le monde en convient, contribué à répandre les instruments aratoires perfectionnés, et à améliorer les races et les cultures. Le grand concours national, et principalement les concours régionaux, depuis l'utile fondation de la prime d'honneur, méritent l'approbation des hommes éclairés et doivent être classés au premier rang des encouragements.

Mais parmi les éléments dont l'ensemble concourt aux progrès de l'agriculture, les plus puissants, nous l'avons déjà remarqué, ce sont les débouchés, et la résidence des propriétaires à la campagne. Expliquons-nous sur ces points importants.

Quant aux débouchés, prenons un exemple près de nous, dans notre ville d'Angers. Quelle a été la conséquence immédiate de l'agrandissement remarquable des fabriques qui emploient dans leurs ateliers une de nos principales productions agricoles? Ne voyons-nous pas que la culture du chanvre s'est améliorée et beaucoup étendue, et donne aux cultivateurs un prix de vente plus élevé; que la population plus nombreuse a facilité le placement et fait augmenter la valeur de tous nos produits?

Mais poursuivons : qu'adviendrait-il si les établissements dont nous avons parlé, venaient par une cause quelconque à ralentir leur fabrication et congédiaient un grand nombre de leurs ouvriers pour un long temps? Non seulement ce serait un malheur pour ces derniers, mais la production agricole ne tarderait pas à en ressentir le contre-coup. Privée d'une partie de son débouché, elle serait arrêtée dans son essor, et ses produits n'auraient plus la même valeur. D'un autre côté, si par un de ces événements trop fréquents dans notre France, l'agriculture était paralysée dans ses moyens de production, la cherté des vivres survenant, l'on verrait bientôt ce qui se voit toujours. Les ouvriers ne trouvant plus dans le prix de leur salaire de quoi satisfaire leurs premiers besoins, demanderont une augmentation; les chefs de maison voyant que si ils y consentaient, il leur serait impossible de lutter avec les produits similaires de l'étranger, préféreront diminuer leur fabrication, l'arrêter même tout-à-fait, que d'être contraints de perdre sur leurs ventes. De telle sorte que dans ce cas comme dans l'autre, l'agriculture verrait diminuer son débouché.

Cet enchaînement intime des industries de natures si différentes, prouve combien il est important de prévenir l'antagonisme, et d'entretenir entre elles la bonne intelligence; qu'elles doivent en un mot se regarder comme des sœurs dont le malheur et le bonheur de l'une doit inévitablement contribuer à la détresse et à la prospérité de l'autre. Au lieu de le redouter nous devons donc dans l'intérêt de l'agriculture désirer le développement non pas de ces travaux gigantesques d'une utilité équivoque qui déplacent les populations, jettent le trouble dans le régime économique d'un pays, mais le développement naturel du commerce et des industries qui ont pour raison d'être la satisfaction de nos besoins.

Nous avons plus d'une fois insisté sur l'importance du séjour des propriétaires à la campagne. Serait-ce illusion de notre part ? Cependant la marche des choses nous affermit dans cette croyance, que la nation française, en raison de la situation que lui ont faite les divers régimes qu'elle a traversés, les nombreuses et profondes modifications qu'elle a subies dans ses institutions civiles et politiques, devrait sentir, plus qu'aucune autre peut-être, le besoin de vivre de la vie des champs, et pourtant nos goûts, nos penchants, ne nous y portent guère.

Nous voyons, il est vrai, depuis quelque temps, une certaine ardeur pour les constructions nouvelles et la réparation d'anciennes habitations rurales; mais les propriétaires vont-ils les habiter avec l'intention de diriger et d'encourager les travaux de l'agriculture, nous en doutons; nous pouvons tout au plus espérer que cette envie leur viendra. La résidence à la campagne, durant la belle saison, nous plaît sans doute, nous délasse et nous charme ; nous y allons, comme on dit, pour y vivre plus à l'aise. Mais ce n'est point encore le désir de réagir sur les mœurs qui nous y conduit; notre réflexion ne va pas jusque là, et pourtant nous allons, disant partout que la société a plus que jamais besoin d'ordre et de stabilité, qu'il importe de mettre une digue au courant qui l'entraîne vers le luxe et les plaisirs matériels, que les capitaux et les bras désertent les campagnes, que l'agriculture est le terrain où se rencontrent le plus naturellement le riche et le pauvre, et qu'ils doivent y apprendre à s'aimer et à s'estimer; enfin, à nous entendre, on nous croirait déterminés à organiser au sein de la société une résistance pacifique et sagement calculée, qui la mît à l'abri de ces innovations soudaines et périlleuses, conséquences inévitables des sentiments qui travaillent et excitent la multitude dans tous les temps, et dont nous avons vu plus d'une fois les tristes effets. Hélas! les actes répondent encore bien peu aux paroles et aux écrits.

Nous savons apprécier, chez les autres, les avantages de la persévérance. Nous sentons que si les Anglais ont su conserver leur liberté et se préserver, jusqu'à ce jour, de ces bouleversements, en quelque sorte périodiques dans notre pays, ils doivent, en partie, ce bonheur, à l'esprit d'ordre et de suite qu'exigent impérieusement les entreprises agricoles, auxquelles se sont adonnés, de temps immémorial, les grands propriétaires et la partie moyenne de la nation.

Nous savons, à n'en pas douter, que la vie rurale développe et enracine dans l'âme humaine le goût de l'indépendance, qu'en nous mettant journellement en rapport avec les lois sublimes et immuables qui gouvernent le monde, elle nous ramène vers Dieu ; que de pareilles mœurs ne sont pas seulement les meilleurs garanties de l'ordre et de la vraie liberté, la barrière la plus solide qu'on puisse opposer à l'envahissement du despotisme de la multitude ou d'un seul, mais qu'elles sont encore la source la plus féconde du progrès.

Nous voyons que là où le sol est exploité par un grand nombre d'hommes riches, aisés et instruits, l'on rencontre des ouvriers intelligents venus à leur suite, capables de fabriquer de bons instruments ; que chez nous, lorsque l'outil le plus indispensable, une charrue bien construite, est usée ou brisée, les cultivateurs sont forcés d'aller à la ville pour la remplacer, et de perdre ainsi un temps précieux ; souvent même cet inconvénient de se rendre ou d'envoyer à de grandes distances, les oblige de recourir au charron du village, dont l'ignorance et l'inhabileté les ramène à l'usage d'un ancien et mauvais instrument.

Enfin, nous voyons que le sol et le climat de la France sont variés et par conséquent éminemment favorables à la culture de toutes sortes de plantes ;— oui, nous savons et nous disons tout cela.

Eh bien! aurons-nous le courage d'entreprendre ce que le bon sens, le sentiment de notre dignité et la conscience d'une situation géographique privilégiée nous engagent à exécuter pour mettre notre pays en possession d'un régime de liberté stable et vraie, et l'élever au rang qu'il lui appartient d'occuper dans l'industrie agricole? Dieu le veuille!

Le moment est venu de parler de quelques produits particuliers, qui font naturellement partie du domaine de l'économie rurale, et dont nous n'avons encore rien dit; ces produits sont : *la soie*, *le miel*, et *le beurre*.

Nous ne pensons pas, quoiqu'on ait tenté de nombreux essais, que jusqu'à ce jour la sériciculture ait jamais présenté des chances avérées de réussite parmi nous. Cependant le temps n'est pas encore bien éloigné, où l'on put croire que cette industrie était appelée à prendre décidément racine sur notre territoire; des mûriers multicaules avaient été plantés en grande quantité et venaient bien; des magnaneries étaient en projet, et une entre autres, d'une certaine importance, avait été construite sur la commune de Villevêque : les résultats obtenus ne répondirent point aux espérances des éleveurs de vers à soie; mais nous ne savons positivement à quelle cause il faut attribuer ce fâcheux mécompte.

Depuis quelque temps on s'entretient beaucoup d'une nouvelle espèce de vers à soie qu'on dit être très rustiques, ne redoutant pas les intempéries, vivant en plein air, et se nourrissant des feuilles du *vernis du Japon,* arbre d'une grande vigueur de végétation, et auquel paraissent convenir des terrains de nature différente. Des expériences, assure-t-on, vont être faites sur divers points : nous ne chercherons pas à en prévoir les résultats ; nous laisserons au temps, ce grand maître en toutes choses, le soin de nous dire ce qu'il faut en penser. Certes nous n'apprendrions pas sans un vif plaisir que les prédictions des propagateurs se sont réalisées, et que le succès est venu couronner d'honorables efforts. Ce serait assurément une belle conquête, et peut-être n'aurions-nous plus autant à redouter les effets désastreux d'une maladie meurtrière, contre laquelle ont échoué tous les moyens employés par l'art et la science, et qui a jeté le découragement parmi les éleveurs. Si cette découverte récente répond à l'espoir qu'elle fait naître, on pourra dire qu'elle a été l'origine d'une nouvelle vie pour une de nos plus belles et de nos plus riches industries, sérieusement menacée dans son principe.

Tout le monde connaît l'excellent ouvrage de M. Debeauvoys sur les abeilles, sa méthode d'éducation et l'ingénieux système de ses ruches. Pendant vingt ans et plus, le zèle de notre habile apiculteur ne s'est pas ralenti. Grâce à cette rare persévérance, M. Debeauvoys a su piquer la curiosité et éveiller chez une foule de personnes le goût des abeilles, aussi n'est-ce plus seulement comme autrefois, près de la chaumière qu'on voit le rucher, il a pris place dans l'enclos des riches habitations.

Les plantes qui croissent naturellement en Maine-et-Loire, et qui sont mises à contribution par les abeilles, renferment des sucs de nature à donner un miel dont aucun autre ne surpasse la saveur et la limpidité. On peut l'obtenir partout dans notre département; il suffit pour cela de savoir le recueillir. Dans son petit ouvrage, M. Debeauvoys a donné une instruction détaillée sur la récolte du miel, qui ne laisse rien à désirer.

Nous ne savons si notre croyance repose sur des faits avérés, nous sommes cependant convaincu que le département de Maine-et-Loire peut être classé parmi l'un des plus grands consommateurs de beurre. Voisins des Bretons, dont le goût pour cette denrée est connu, pourquoi ne partagerions-nous pas leur penchant! Je me garderais bien d'ailleurs d'en faire un reproche à mes compatriotes, je ne me le pardonnerais d'autant moins que, sur ce point, je suis un franc Breton.

Mais ce produit, si recherché de tout le monde,

est-il pour la majeure partie de nos cultivateurs l'objet des soins et de l'attention qu'il mérite? Nous ne voudrions pas l'affirmer. Disons-le d'abord, le nombre des fermes où l'on trouve un local digne du nom de laiterie est bien restreint. Presque dans toutes, c'est au fond d'un obscur réduit privé d'air, et le plus souvent dans la huche durant l'été, et le four durant l'hiver, qu'on trouve, placés sans beaucoup de précautions ni d'ordre, les étroits et longs pots de grès en usage depuis des siècles, que la ménagère suspend à des chevilles de bois disposées le long d'un pieu fiché en terre pour les faire sécher, après qu'ils ont été plus ou moins bien *décrassés*. Sauf de rares exceptions, on ne voit guère que dans les nouvelles constructions, des appartements consacrés à recevoir les ustensiles de la laiterie : de larges vases en terre ou en verre, destinés à recevoir le lait, de petits calorifères et des courants d'air ménagés à l'effet d'entretenir en toute saison le degré de température indiqué par l'expérience, afin que la partie butireuse du lait se sépare et se forme le plus tôt possible et dans les meilleures conditions. L'instrument employé pour la fabrication du beurre est encore, chez beaucoup de fermiers, la baratte à batteur verticale. Les barattes à volant horizontal ou vertical ont pénétré chez quelques-uns, mais nous voudrions que la meilleure, à notre sens , et la plus simple, celle dont font usage les habitants du Nord, la *baratte dite Tonneau*, fît son apparition dans nos campagnes : nous ne l'avons vue nulle part encore. et nous recommandons aux personnes qui auront de nouvelles constructions rurales à bâtir, de prendre exemple sur les laiteries de la Flandre et de la Hollande. Lorsqu'on pénètre pour la première fois dans une de ces laiteries, où l'ordre et une extrême propreté règnent en toutes choses, on se sent humilié, et l'on se dit : puisque le beurre est aussi pour nous un objet de première nécessité, nous devrions bien mettre nos cultivateurs en possession des moyens d'en produire la plus grande quantité possible, et de le bien et soigneusement fabriquer.

Nous devons encore faire mention ici d'une industrie qui, si elle eût résisté à l'impôt dont on jugea à propos de la frapper il y a vingt-cinq ans environ, eût donné dans notre département une impulsion puissante aux progrès de l'agriculture : nous voulons parler de la fabrication du sucre de betteraves.

Aucune industrie ne peut lui être comparée au point de vue de ses relations intimes et des liens naturels qui la rattachent à l'agriculture.

Aucune autre ne peut offrir une source de fertilisation aussi féconde; car la prospérité d'une usine de ce genre ne dépend pas seulement de l'excellence des procédés employés pour l'extraction complète du sucre contenu dans la betterave, mais encore de l'emploi, comme substance alimentaire, de la pulpe, lorsque le jus en a été extrait par la pression. Ce résidu ou marc n'en conserve pas moins des qualités nutritives dont une expérience de plusieurs années a constaté les avantages. Donnée aux animaux, surtout aux moutons et aux bêtes à cornes, elle facilite leur engraissement, et le fumier des animaux qui en sont nourris, lorsqu'il peut être mêlé à des litières, est toujours abondant et d'excellente qualité.

Trois sucreries avaient été créées dans le département : l'une à Angers, l'autre à Narcé, dans la commune de Brain-sur-l'Authion, et la troisième dans la commune de Corzé, sur les bords du Loir; et toutes les trois étaient en activité lorsque les colonies, redoutant la concurrence du sucre indigène, dont la fabrication augmentait chaque année, jetèrent des cris d'alarme qu'elles ne cessèrent de faire entendre que le jour où elles eurent obtenu qu'un impôt frappât le sucre indigène. Cette mesure, qu'elles croyaient mortel pour ce dernier, calma leurs inquiétudes.

Cette satisfaction qui leur fut accordée, porta en effet un coup funeste à la fabrication du sucre de betteraves; trois cents et quelques établissements, parmi lesquels figurèrent les trois sucreries du département de Maine et Loire, ne résistèrent point à la taxe, et se virent contraints de cesser leurs travaux.

Mais quelques anciens établissements fondés depuis longtemps dans les départements du nord, déjà prospères et en position de s'imposer des sacrifices, redoublèrent d'efforts, et, par l'emploi de nouveaux procédés plus économiques, parvinrent à se maintenir, malgré l'impôt.

Toutefois, si ces établissements réussirent à lutter avec avantage, ce n'est pas seulement parce qu'ils étaient en possession de procédés supérieurs, mais surtout parce qu'ils pouvaient se procurer l'élément capital de toute industrie manufacturière, c'est-à-dire le combustible, à un prix inférieur et de bien meilleure qualité que celui dont les autres, moins favorablement situés, faisaient usage.

C'est assurément au prix inférieur et à la qualité supérieure du combustible extrait des houillères du Nord, beaucoup plus abondantes que celles du bassin de la Loire situées dans notre département, qu'il faut chercher la cause principale de la chute des uns et de la résistance des autres.

Lorsque l'on considère l'essor et le développement rapide que cette industrie imprime à l'agriculture partout où elle parvient à s'implanter, on regrette amèrement qu'elle n'ait pu se fixer parmi nous; et le désir bien naturel de la voir reparaître fait espérer que le moment viendra où la différence considérable entre le loyer de nos terres et celui des terres du département du Nord, sera la compensation de la différence qui existe dans le prix du combustible pour l'une et l'autre de ces deux parties de la France. Nous pouvons donc conserver l'espoir que nous ne resterons pas toujours privés de cette industrie, qui est parvenue jusqu'à faire rapporter à un hectare 3,000 fr. de produit brut. Quelle autre culture peut arriver à ce chiffre! Disons avec l'auteur de *l'Economie rurale de la France* : « La culture de la betterave à sucre est le chef-d'œuvre de notre industrie rurale. »

Notre sol présente sur plusieurs points des terrains admirablement constitués pour la culture de cette plante; elle y est aussi riche en principes sucrés que partout ailleurs. Nous ne devons donc pas renoncer à cette conquête; non-seulement ce serait un fait déplorable pour l'agriculture de notre pays, mais pour la population en général, dont le sucre est devenu un aliment de première nécessité, et malheureusement encore à la portée d'un trop petit nombre de personnes.

Cependant les améliorations successives dont cette industrie s'est enrichie, celles que la pratique aidée de la théorie fait prévoir encore, doivent conduire à des procédés si simples et si faciles, que la fabrication du sucre passera infailliblement dans les mains de nos cultivateurs. Quant à nous, qui avons suivi les progrès de cette industrie, nous ne doutons pas un instant que, si elle n'eût été entravée dans sa marche, nous la verrions aujourd'hui établie dans un grand nombre d'exploitations, où les cultivateurs feraient leur provision de sucre comme ils font leur provision de cidre, de beurre et de vin. Qu'on la laisse à elle-même s'exercer librement, et nous verrons bientôt nos prédictions s'accomplir. En peu d'années la consommation dépasserait toute prévision, et un léger impôt sur cette denrée ne tarderait certainement pas à donner un rendement supérieur à celui du tabac. Telle est notre profonde conviction.

On sera peut-être surpris de ne pas avoir vu figurer dans cet exposé la nomenclature des diverses espèces d'arbres fruitiers cultivés dans notre département, et qu'il n'ait pas été question de nos usages ruraux.

Assurément pareille omission ne serait pas excusable, et nous ne nous serions point exposé à un reproche mérité si, d'une part, M. Millet n'avait donné dans son dernier ouvrage la liste complète et explicative de ces espèces, et si, de l'autre, les Comices du département n'avaient publié des recueils qui contiennent l'explication de nos usages ruraux, et de plus la juste critique que quelques-uns paraissent mériter.

Les motifs de notre silence à cet égard ainsi expliqués, nous abordons la partie la plus importante, mais aussi la plus ardue de notre tâche. Nous allons essayer de faire connaître quelle est la moyenne de la rente du sol cultivé, quel est le produit net, le produit brut et le bénéfice de l'exploitant, quel est enfin le chiffre de la contribution foncière, ou, pour nous exprimer plus clairement, la portion de l'impôt qui frappe spécialement l'industrie agricole dans le département.

Nous ne pouvons le nier, les documents indispensables dont il faut être muni, parce qu'ils sont les éléments du calcul qu'exige la solution de ces diverses questions, sont presque toujours inexacts ou incomplets, aussi les résultats auxquels ils conduisent sont rarement l'expression du véritable état des choses.

Quoi qu'il en soit, voici la méthode que nous avons jugé convenable de suivre, afin d'arriver le plus près possible de la vérité, et porter quelque lumière sur cette partie délicate de notre travail.

On doit se rappeler que, dans le cours de cette étude, nous avons pris soin d'indiquer la moyenne de la rente du sol, ou si l'on veut le produit net d'un hectare pour chacun de nos cinq arrondissements. En comparant ces données, nous arrivons au chiffre de 50 fr. pour la moyenne de ce produit dans le département. Multipliant ce chiffre par le nombre d'hectares *imposés*, soit 665,683 hectares, nous avons pour résultat..............   33,284,150 f. représentant le produit net. D'un autre côté, comme il est généralement admis que, pour faire face à ses dépenses de toute nature, et pour recevoir un bénéfice suffisamment rémunérateur de ses peines, il convient de laisser à l'exploitant la moitié du revenu brut, nous doublerons, pour obtenir ce revenu, le chiffre précédent, soit...........   33,284,150

Ainsi le revenu brut du département de Maine-et-Loire, si ce calcul

se rapproche de la vérité, serait,
comme on le voit, de........... 66,568,300 f.

De ce chiffre, il faut retrancher
pour la portion enlevée par l'impôt, savoir :

1º Quatre millions environ, représentant le principal et les cen-
times additionnels et spéciaux de
toute nature, ci.................. 4,000,000

2º Pour cotes personnelles et
mobilières 770,000

3º Pour portes et fenêtres...... 500,000

4º Enfin les prestations en nature,
évaluées de 5 à 600,000 fr., ci ... 600,000 f.

Nous n'avons point fait entrer en ligne de compte
le chiffre des patentes, puisque l'agriculture ne supporte pas cet impôt.

Il reste donc aux mains des propriétaires et des
cultivateurs, une somme de 60,000,000 fr., valeur
représentative de la production agricole dans le département de Maine-et-Loire. Si nous prenons la
moitié de cette somme, soit 30,000,000 formant la
part afférente aux exploitants, dont le nombre ne
peut guère être évalué au-dessous de 300,000, et
que nous divisions les 30,000,000 par ce dernier

nombre, nous arrivons à un chiffre de 100 francs par tête.

Si nous ne savions que beaucoup de fermiers sont propriétaires, quelle idée, je le demande, aurions-nous de leur position en présence de ce chiffre? quelle idée nous donne-t-il de notre situation agricole? N'est-ce pas à la fois la preuve triste et frappante de l'insuffisance du capital engagé dans notre grande industrie?

Et les 6,000,000 de fr. enlevés par l'impôt et qui forment le dixième à peu près de la totalité du revenu territorial, est-ce donc si peu? Non certes, quand l'on vient à réfléchir à la quantité de nouveaux produits que procurerait pareille somme judicieusement employée. Reconnaissons le donc, ainsi considéré d'une manière absolue, l'impôt enlève à la production une notable portion de sa puissance. Cependant nous nous empressons de le reconnaître, l'impôt ne doit pas être envisagé sous un seul point de vue, il faut, pour l'apprécier, l'examiner dans l'ensemble de ses effets.

La nature de l'impôt, son assiette, son mode de perception, ont été le sujet d'innombrables controverses : nous n'avons ni ne pouvons avoir l'intention de nous y arrêter, nous devons nous borner à de courtes observations.

A la fin du dernier siècle, un célèbre *physiocrate* (c'était la dénomination que prenaient alors les économistes), le docteur Quesnai, l'un des plus fervents, prétendait que la terre étant seule productrice de richesses, les charges publiques ne devaient être assises que sur le produit de la terre. Des études plus approfondies ne tardèrent pas à démontrer la fausseté et les dangers de ce système.

Aujourd'hui, pour quelques-uns, l'impôt est un mal, pour d'autres, au contraire, car ils ont été jusque-là, c'est le meilleur de tous les placements, tant il est vrai qu'il n'y a pas d'opinion, si absurde et si ridicule qu'elle soit, qui n'ait eu ses défenseurs. Il ne faut pas avoir longtemps réfléchi sur cette matière, pour voir clairement que ni l'une ni l'autre de ces prétentions n'est conforme à la vérité.

L'impôt, pour tout homme de sens et de bonne foi, est une nécessité qui prend son origine, son principe, dans la protection et le maintien des sociétés, et dans la création de travaux indispensables aux développements de leur puissance et de leur prospérité.

Si donc les hommes ont compris que pour vivre, cultiver et faire usage de leur intelligence avec sécurité, il était nécessaire de mettre un frein à leurs passions, de les rappeler souvent à leurs devoirs envers Dieu, envers leurs semblables et envers eux-mêmes, il est juste que chacun de nous, dans la mesure de ses forces, contribue à la rémunération des services divers que nous rendent le magistrat, l'administrateur et le soldat, le savant et le prêtre, car si les uns veillent à la sûreté de nos personnes et de nos biens, au bon emploi de cette portion de l'impôt destinée dans les sociétés bien ordonnées aux entreprises d'intérêt général, les autres nous enseignent les vérités et les principes qui doivent être nos guides durant la vie.

Mais lorsque cette rétribution et cette application du capital national dépassent les bornes de la justice et la satisfaction bien entendue de l'intérêt public, l'impôt qu'elles occasionnent est un mal, parce que là où la nécessité finit, le mal commence.

Que par ambition, des gouvernements tiennent sur pied de nombreuses armées, menaçant la paix du monde et la liberté des citoyens; que par caprice ou sentiment de fausse gloire ils poussent au luxe, à des embellissements sans bornes dont la prudence et la raison s'alarment, oh! alors, les nouvelles charges publiques qu'exige ou exigera infailliblement un pareil état de choses, sont de vraies calamités, parce que sans nécessité évidente, elles paralysent les ressorts du commerce, de l'agriculture et de l'industrie, corrompent les mœurs, arrêtent le développement de la population, parce qu'en un mot elles attaquent dans leur essence les éléments du bien-être et de la véritable grandeur des nations.

Les limites dans lesquelles nous devons rester ne nous permettent pas de plus longues réflexions sur ce grave sujet. Chacun peut voir d'ailleurs si nous vivons dans un temps où l'on doit craindre que les impôts franchissent le cercle dans lequel ils doivent être contenus, pour ne point porter un coup funeste au progrès et à la prospérité de l'agriculture. Toutefois on nous permettra d'ajouter encore quelques mots.

Dans l'ouvrage où il passe en revue différentes époques de notre histoire, un de nos plus illustres historiens modernes termine un de ses chapitres par ces paroles dignes d'être retenues :

« Quand les impôts passent la mesure prescrite
» par les besoins d'une administration répressive,
» et non préventive, envers les citoyens, défensive
» et non hostile envers les nations étrangères ; quand
» la force publique l'emporte en intensité sur la
» masse des délits intérieurs possibles, ou des pé-
» rils extérieurs possibles, la Société n'est plus ré-
» gie, elle est possédée, et pour mieux dire elle n'est
» plus Société, c'est un troupeau sous des maîtres,

» sous un seul, sous plusieurs, sous un grand nom-
» bre, la quantité n'importe en rien. »

Veut-on savoir maintenant quelle est, sous le rapport de la production, la richesse du département de Maine-et-Loire comparée à celle des quatorze départements qui composent la contrée de l'Ouest; nous pouvons (c'est du reste la méthode suivie pour ces sortes d'appréciation), aujourd'hui que la péréquation de l'impôt est à peu près complète, prendre le produit des recettes publiques comme point de comparaison. Eh bien! nous trouvons que, parmi ces quatorze départements, excepté ceux de la Loire-Inférieure et de la Charente-Inférieure, le département de Maine-et-Loire paie en impôts de toute nature la somme la plus élevée. En 1857, les recettes publiques sur ce département étaient de 17,002,496 francs, celles de la Loire-Inférieure de 48,533,583 f., et celles de la Charente-Inférieure de 17,177,765 fr. Cette différence en plus s'explique naturellement par les droits de douane, qui doivent figurer pour une portion considérable dans le chiffre des recettes de la Loire-Inférieure, les droits sur la fabrication des eaux-de-vie dans la Charente-Inférieure. Abstraction faite de ces causes, il n'est pas douteux que notre département ne restât en première ligne. Remarquons en passant que le chiffre de 17,002,496 f.

donne environ 23 fr. 88 c. par hectare et 32 fr. 42 c. par habitant.

Enfin, dans l'intention de faire apprécier pour ainsi dire d'un seul coup d'œil l'ensemble de notre production, et mettre à même de juger si nous sommes en voie de progression, nous avons réuni et détaillé nos divers produits dans les deux tableaux ci-après. Ces deux tableaux, auxquels nous joignons une colonne destinée à recevoir le relevé fait en 1861, avaient été dressés en 1842, et ce travail, selon un de ses auteurs, M. de Beauregard, avait mérité pour son exactitude l'approbation et les éloges du ministre de cette époque.

NATURE DES CULTURES.	ETENDUE DE CHAQUE CULTURE eu hectares.		PRODUIT TOTAL en 1842		PRODUIT TOTAL en 1861	
	année 1842.	année 1861	en kilogrammes	en hectolitres.	en kilogrammes	en hectolitres.
Froment. . . . . . , . .	123, 246		110. 921, 300	1, 478, 952		
Métell.	19, 135		16. 352. 640	229, 520		
Seigle.	63, 617		53, 438. 280	763, 444		
Orge.	17, 508		13, 866, 336	210, 096		
Avoine.	20, 878		10, 732, 630	229, 614		
Sarrazin	4, 999		» »	49. 990		
Millet	314		» »	1, 256		
Pommes de terre. . .	26, 384		» . »	1, 846, 666		
Legumes secs, ...	8, 084		» «	85, 050		
Betteraves	961		» »	34, 596		
Vesces	30, 109		» »	623, 257		
Prairies artificielles .	26 667		53. 344. 000	» »		
Prairies naturelles. .	67, 046		208, 738, 000	» »		
Bois.	51, 518		» »	» »		
Jachères	42 122		» »	» »		
Jardins	5, 051		» »	» »		
Pepinières	168		» »	» »		
Colzas, navets	183		» »	» »		
Chanvre	6. 851		3. 082, 950	» »		
Lin	2, 852		1 273, 400	» »		

ESPÈCES.	NOMBRE		CONSOMMÉS	
	année 1842	année 1861	année 1842	année 1861
Taureaux et génisses	20,884		» »	
Vaches	84.071		6, 597	
Veaux.	53,000		42 427	
Bœufs	81,064		40, 229	
Béliers	6, 058		91	
Moutons.	62,328		38. 223	
Brebis	78, 080		9, 333	
Agneaux.	46,566		3, 363	
Porcs	88, 045		51, 872	
Chèvres	8, 364		3, 500	
Chevreaux	16,952		» »	
Juments.	18, 363		» »	
Poulains	4, 639		» »	
Mulets.	2, 244		» »	
Anes.	1, 282		» »	

Comme on le voit par l'inspection de ces tableaux, nous nous étions proposé de mettre le lecteur à même de comparer notre situation actuelle à ce qu'elle était en 1842, et d'apprécier ainsi les changements et les améliorations qui ont eu lieu dans cet espace de temps écoulé depuis cette dernière époque.

Nous avons plusieurs fois essayé, mais en vain, de nous procurer les documents nécessaires afin de placer dans la colonne de l'année 1861 les chiffres qui devaient correspondre à ceux des deux tableaux de l'année 1842. Il ne nous a pas été possible de nous les procurer. Nous espérons donc que l'Administration fera tous ses efforts pour combler cette regrettable lacune.

De ces deux tableaux, en leur supposant le mérite de l'exactitude, il ressort deux choses, savoir : d'une part, que nous avons, sur une superficie totale de 712,562 hectares, 516,998 hectares cultivés, et rendant en proportions variées, diverses espèces de grains, et diverses plantes, et d'un autre part, que le nombre des animaux domestiques de toute espèce est de 560,952. Mais, dans ce chiffre, le gros bétail entre seulement pour 183,952 têtes, et par conséquent, il est loin d'être en rapport satisfaisant avec l'étendue de notre département, puisque nous n'aurions pas plus d'une tête de gros bétail par trois hectares de terres cultivées. Voilà ce qu'ils nous apprennent. Les notions indispensables pour porter un jugement sur notre situation agricole, le point le plus important, c'est-à-dire le capital d'exploitation, n'y figure pas. Nous y reviendrons encore une fois.

Le département de Maine-et-Loire a depuis long-temps la réputation de réunir la richesse à la beauté. Cela ne nous étonne pas : son aspect général et l'heureuse composition de notre sol, presque partout susceptible de culture et de répondre avantageusement au travail de l'homme, éveillent naturellement cette pensée. Mais lorsque le moment de la première impression est passé, et que la réflexion nous porte à rechercher quel est, au point de vue agricole, son régime économique, un sentiment pénible succède bientôt à la joie qu'on a d'abord éprouvée. Quelques mots et un calcul bien simple suffiront pour le démontrer.

Nous rappellerons donc que la moyenne du capital d'exploitation, dans notre département, ne dépasse guère le chiffre de 180 à 200 fr. par hectare; qu'à cet égard nous sommes encore bien loin de certaines contrées de la France, où ce capital s'élève au chiffre de 500 fr. et quelquefois même le dépasse. Si nous multiplions maintenant nos 600,000 hectares cultivés ou susceptibles de l'être par la moyenne de notre capital d'exploitation, soit 600,000 multiplié par 200, nous arrivons à un résultat de 120,000,000.

Supposons-nous au contraire marchant de pair avec les contrées dont nous venons de parler, ce serait alors par 500 fr. qu'il faudrait multiplier nos 600,000 hectares. Mais soyons plus modestes, et contentons-nous du chiffre de 400 fr., nous aurons ainsi pour résultat 240,000,000, soit un capital d'exploitation deux fois plus considérable. Voilà l'élément indispensable de prospérité auquel nous devrions prétendre. Chimérique prétention va-t-on dire! Oh! nous comprenons cette exclamation et l'admettons bien volontiers. Nous savons en effet quel tyrannique empire exerce le courant des idées et des goûts, quand on y est entré depuis longtemps. Sans trop se soucier de l'avenir, nous sacrifions tout au présent, nous enlevons à la terre, à notre mère nourrice, les fruits de nos labeurs, de nos économies, nous les jetons à pleines mains dans les entreprises et les spéculations de toute nature ; l'appât d'un gain rapide nous entraîne. Qu'on y songe cependant, le temps viendra, et peut-être n'est-il pas éloigné, où nous recevrons la triste récompense de notre aveuglement et de notre ingratitude.

Sans doute l'agriculture a fait d'incontestables progrès depuis quelques années dans notre département. Mais qui oserait affirmer qu'après une ou deux mauvaises récoltes, la plupart de nos cultivateurs ne seront pas aux abois? Ont-ils en leur possession les ressources suffisantes pour surmonter une succession de mauvaises chances? Non! nos calculs viennent de le démontrer. Que les possesseurs du sol se décident donc à consacrer une plus grande partie de leurs réserves aux entreprises agricoles, à l'amélioration des cultures : c'est à eux qu'il appartient de vivifier les campagnes, en y portant un capital suffisant, en rapport avec les besoins et les exigences de l'industrie dont nous devons tous désirer le progrès. Que si, pour quelques-uns, une pareille mesure devait être une cause de gêne ou de détresse, pourquoi hésiteraient-ils à vendre une portion plus ou moins grande de leur domaine; ils seraient les premiers à recueillir les avantages d'une œuvre de bonne administration, et, parvenue dans les mains de possesseurs plus aisés, la terre pourra recouvrer les avances dont elle est privée au préjudice de tous. Car, encore une fois, sachons-le bien, un capital suffisant, voilà surtout ce qui manque à notre grande industrie. L'expérience le démontre. Sans lui et quoi qu'il advienne, notre département ne serait pas près de justifier l'heureuse et belle prédiction dont nous avons parlé dans le cours de cet exposé, sur lequel il me reste à dire un dernier mot.

Aurai-je été assez heureux pour éviter l'écueil que l'on trouve toujours dans les ouvrages de la nature de celui-ci, les répétitions et l'aridité des détails? Je le voudrais. J'aurai fait du moins ce que j'ai pu. Je n'ai point suivi la méthode ordinaire des statistiques. Ce grand nombre de classifications, de divisions, subdivisions, énumérations, etc., qu'on y rencontre, est cependant, je le sais, indispensable, lorsqu'il faut passer en revue une multitude d'objets divers, mais, d'un autre côté, il a le grave

inconvénient de porter dans l'esprit l'ennui, le dégoût et la fatigue, suivis bientôt de cette invincible
somnolence à laquelle finit par succomber le plus
intrépide lecteur.

Si je n'ai point réussi, l'on me reprochera sans
doute, et avec raison, d'avoir voulu mieux faire, et
peut-être, dans ces dernières lignes, ai-je tracé
l'histoire de mon œuvre.

ÉTUDES ORNITHOLOGIQUES

AVERTISSEMENT

POUR LA DEUXIÈME ÉDITION.

Comme il paraît généralement admis aujour-
d'hui que les oiseaux doivent prendre rang
parmi les êtres qui méritent l'intérêt des habitants de la campagne, en raison de leur utilité,
de l'agrément qu'ils répandent dans le séjour
champêtre, ou des dommages que certaines espèces occasionnent aux récoltes, nous avons jugé
convenable de joindre à notre étude sur l'économie rurale du département, une seconde édition
de nos *Études ornithologiques*. L'accueil qu'elles
ont reçu nous engage à n'y rien changer, nous
avons seulement fait quelques additions placées
à la suite de notre première édition.

DE L'ESPRIT DES BÊTES.

———

Les bêtes ont-elles de l'intelligence ou seulement de l'instinct, sont-elles douées de l'un et de l'autre, et, si elles en sont douées, jusqu'à quel degré peut-on dire qu'elles le sont? Questions débattues depuis des siècles, sujet de sérieuses controverses auxquelles ont pris part les plus grands génies.

L'on comprend facilement que chacun veuille savoir ce qu'en ont dit et pensé Descartes, Buffon, Réaumur, Locke, Condillac et autres penseurs. Les vastes intelligences jouissent à bon droit du privilége d'exciter la curiosité; que ceux donc qui voudront connaître leurs pensées consultent leurs écrits et surtout l'intéressant ouvrage dans lequel M. Flourens passe en revue les opinions et les systèmes de ces hommes célèbres. — J'ai lu et relu plusieurs fois ce petit volume écrit avec la clarté qui distingue tout ce qui sort de la plume de son auteur.

Dans une analyse rapide mais toujours lumineuse de ces divers systèmes, c'est d'abord l'opinion de Descartes, sur *le pur automatisme* des bêtes, que l'auteur examine et discute. Descartes, selon M. Flourens, n'était pas, bien qu'on l'ait prétendu, pour le pur automatisme, mais pour *l'automatisme mixte* de Buffon. Cependant Buffon va plus loin; non seulement il leur accorde la vie et le sentiment comme Descartes, mais encore *la conscience de leur existence actuelle*. Toutefois il leur refuse *la pensée, la réflexion, la mémoire ou la conscience de leur existence passée, ou la faculté de comparer des sensations ou d'avoir des idées*. — Chacun de ces points est pour M. Flourens un sujet de fines et judicieuses observations, et avec cette logique pleine de sens qui ne l'abandonne jamais, il fait voir que le mécanisme à l'aide duquel Buffon explique la plupart des actes des animaux, est un mécanisme où tout se combat et se contredit, et il approuve F. Cuvier d'avoir dit que ce système est plus inintelligible que celui de Descartes. Réaumur, au contraire, dit M. Flourens, accorde aux bêtes jusqu'à l'intelligence, en ne croyant leur accorder partout que l'instinct. Puis passant à Condillac, il le loue d'accorder aux bêtes un certain degré d'intelligence, et lui reproche de leur accorder *l'invention*, *le jugement* et *la comparaison*, et toute sa théorie, ajoute-t-il, sur les *facultés* des animaux est ainsi radicalement vicieuse, par cela seul qu'elle confond partout deux faits essentiellement distincts, *l'instinct* et *l'intelligence*. En parlant du systême de G. Leroy il lui adresse le même reproche.

Mais si les animaux ont de *l'intelligence*, comme le croit et le démontre M. Flourens dans son examen de ces diverses théories, quelle est donc, se demande-t-il, la limite précise de cette intelligence, car c'est là qu'est évidemment toute la difficulté.

Selon M. Flourens, l'instinct est une force primitive et propre comme la sensibilité, comme l'intelligence. Il y a de l'instinct jusque dans l'homme, c'est par un instinct particulier que l'enfant tette en venant au monde. Mais dans l'homme presque tout se fait par l'intelligence, et *l'intelligence y supplée à l'instinct*. L'inverse a lieu pour les dernières classes des animaux, l'instinct leur a été accordé comme supplément de l'intelligence. Le premier pas à faire pour résoudre la difficulté était donc de séparer l'instinct de l'intelligence, et le second de séparer, soit pour l'intelligence, soit pour l'instinct, les classes et les espèces.

Cela constaté, et s'appuyant sur les observations faites avec une rare sagacité par F. Cuvier, M. Flourens trace les limites de l'intelligence dans les différents ordres des mammifères, et arrive à cette conclusion :

« L'opposition la plus complète sépare l'instinct » de l'intelligence.

» Tout dans l'instinct est aveugle, nécessaire et » invariable. Tout dans l'intelligence est électif, con- » ditionnel et modifiable. »

Et enfin après avoir établi ce qui distingue l'intelligence des bêtes de celle des hommes, il termine par ce résumé :

« En un mot les animaux sentent, connaissent, » pensent; mais l'homme est le seul de tous les êtres » créés à qui le pouvoir ait été *donné de sentir qu'il* » *sent, de connaître qu'il connaît et de penser qu'il* » *pense.* »

Je ne sais si je suis parvenu, dans ce court exposé, à donner une idée claire des divers systêmes et de l'opinion de l'illustre académicien, je le voudrais plus que je ne l'espère. Quoiqu'il en soit, je dois faire remarquer que mon but a été surtout d'appeler l'attention sur ce point important, que

M. Flourens refuse aux bêtes la faculté de *sentir qu'elles sentent, de connaître qu'elles connaissent et de penser qu'elles pensent.*

Dans un chapitre de son ouvrage intitulé : *de quelques opinions célèbres touchant l'intelligence des bêtes*, l'auteur, après avoir cité et commenté avec sa sagacité habituelle l'opinion d'Aristote, de Plutarque, de Montaigne, d'Arcussia, de Leibnitz, de Locke, de Bonnet et d'autres philosophes et savants naturalistes, ajoute encore :

« Toutes mes études me ramènent toujours à mes » conclusions précédentes.

» Il y a trois faits : l'instinct, l'intelligence des » bêtes et l'intelligence de l'homme, et chacun de ces » faits a sa limite marquée.

» L'instinct agit sans connaître, l'intelligence con-» naît pour agir, l'intelligence seule de l'homme » connaît et *se connaît.*

» La réflexion bien définie est la connaissance de » la pensée par la pensée. »

Enfin, dans un autre chapitre intitulé *du Naturel des animaux*, M. Flourens cite une petite histoire rapportée par M. Dureau de la Malle, histoire fort remarquable selon moi, et que je rapporterai à mon tour, comme un fait qui me semble venir à l'appui d'une opinion beaucoup plus favorable à *l'étendue* de l'intelligence des animaux, puisque selon cette opinion les bêtes auraient jusqu'à un certrain point connaissance de leurs actes, en un mot *connaîtraient qu'elles connaissent* ou *sentiraient qu'elles sentent.* Je ne le cacherai pas, cette opinion je la partage, mon expérience et mes observations l'ont rendue invincible.

Voici ce que dit M. Dureau de la Malle :

« A l'époque où les petits des faucons et des éper-
» viers commencent à voler, j'ai vu plusieurs fois par
» jour les pères et les mères revenir de la chasse
» avec une souris ou un moineau dans leurs serres,
» planer dans la cour et appeler par un cri toujours
» semblable leurs petits restés dans le nid. Ceux-ci
» sortaient à la voix de leurs parents et voletaient
» au-dessous d'eux. Les pères alors s'élevaient per-
» pendiculairement, avertissaient leurs écoliers par
» un nouveau cri et laissaient tomber de leurs serres
» la proie sur laquelle les jeunes animaux se préci-
» pitaient. Aux premières leçons, quelque fût l'atten-
» tion des pères à laisser tomber l'objet presque sur
» leurs petits, volant à cinquante pieds au-dessous
» d'eux, les apprentis maladroits manquaient presque
» toujours de l'attraper. Alors les pères fondaient sur
» la proie et la ressaisissaient toujours avant qu'elle
» eût touché la terre ; puis ils s'élevaient toujours

» pour faire répéter la leçon, et ne laissaient man-
» ger la proie à leurs petits que lorsque ceux-ci
» l'avaient saisie.

» Je puis même assurer, tant le lieu et les cir-
» constances étaient propres à ce genre d'observa-
» tions, que l'enseignement était gradué...., car une
» fois que les jeunes oiseaux de proie avaient appris
» à rattraper dans l'air des souris mortes, les pa-
» rents leur apportaient des oiseaux vivants, et ré-
» pétaient la même manœuvre que j'ai décrite, jus-
» qu'à ce que leurs petits fussent capables de saisir
» un oiseau au vol d'une manière sûre, et par con-
» séquent de pourvoir eux-mêmes à leur nourriture
» et à leur conservation. »

Ce récit dont chaque terme mérite pour ainsi dire
une attention particulière, ne contient-t-il pas la
preuve presque évidente que les pères et mères des
jeunes oiseaux de proie avaient conscience que leurs
petits ignoraient ce qu'ils cherchaient à leur apprendre avec tant de soin et d'efforts répétés. Cet
habile manège s'expliquerait-il par l'instinct; n'y
verrait-on, suivant la définition de ce mot par
M. Flourens, que le résultat d'une force *aveugle*,
nécessaire, invariable; d'un autre côté, si l'on veut
bien y voir un acte qui suppose la réflexion, la mé-
ditation, c'est-à-dire un acte de véritable intelli-

gence, faudra-t-il alors admettre que si ces oiseaux ont agi intelligemmment, ils ont agi sans savoir qu'ils savaient ce qu'ils faisaient. Si cela était, l'on devrait également nier qu'ils voulussent enseigner à leurs petits ce que ceux-ci ignoraient. Car comment savoir que les autres ignorent ce que nous ne connaissons pas nous-mêmes ; et comment ne pas savoir que l'on sait ce que l'on enseigne si bien, et surtout quand on accorde la récompense seulement alors qu'on s'est assuré que la leçon a été bien comprise, cela n'impliquerait-il pas contradiction ? Comment ! l'on m'accorderait l'intelligence de comprendre que mes enfants ont besoin de mon expérience et de mes leçons pour apprendre à se conduire, et l'on me refuserait de comprendre ce que j'enseigne ? Mais, enseigner, n'est-ce pas apprendre aux autres ce que l'on sait, et comment peut-on savoir que les autres l'ignorent, si on ne sait qu'on le sait ? Je l'avoue, il m'est impossible de me rendre autrement compte de l'acte de ces oiseaux, qu'en leur accordant une intelligence supérieure à celle que veut leur accorder M. Flourens.

Et que d'actes d'une intelligence manifeste on pourrait citer de l'éléphant et du chien, du chien dont les yeux sont pour ainsi dire parlants tant ils sont expressifs. Eh quoi ! je pourrais croire que cet

animal si intelligent et doué d'une si grande sensibilité *ne sent pas qu'il sent!* Pourquoi donc, si je le
menace du fouet pour le corriger d'une faute, pourquoi s'éloigne-t-il crispé par la crainte, si ce n'est
pas parce qu'il sent que si je le frappais, il éprou-
verait une douleur à laquelle il veut se soustraire. Et
serait-ce aussi sans savoir se rendre compte de ce
qu'il fait, qu'il va choisir la plante dont il a besoin
pour débarrasser son estomac de la nourriture qui
le surcharge ; et s'il aperçoit le pas d'un lapin,
d'un lièvre ou de tout autre animal qu'il a l'habitude
et le désir de poursuivre et d'atteindre, pourquoi y
porte-t-il aussitôt le nez, *s'il ne savait qu'il sait* que
l'odeur laissée sur la trace lui révélera la route suivie
par cet animal ; et pourquoi encore saura-t-il démê-
ler l'odeur de la perdrix de celle du lièvre, si ce
n'est parce qu'il aura appris à faire un choix, et,
pour choisir, ne faut-il pas avoir *jugé, comparé*, et
par conséquent *savoir que l'on sait et connaître
que l'on connaît.* Non ! tous ces actes ne peuvent
être le résultat d'une intelligence qui s'ignore.

Qu'il me soit permis de citer encore certains traits
particuliers d'intelligence de deux chiens élevés chez
moi ; l'un, qui est braque, vit encore. Dès leur jeune
âge, tous les deux, le braque surtout, annoncèrent
une aptitude et des dispositions vraiment extraordi-

naires pour la chasse des souris, des mulots et des taupes. Je n'exagère pas en disant que jamais je n'ai rencontré de plus fins, de plus patients, en un mot de plus habiles taupiers, et je ne suis pas le seul dont leur adresse ait provoqué l'étonnement. Bien souvent il m'est arrivé, lorsque je chassais avec un ami, de m'entendre appeler par ce dernier, pour me prévenir que mon chien marquait un arrêt.

—Approchez, répondais-je, et vous allez voir ce qui va probablement arriver; nous approchions, et voici la manœuvre dont nous étions les témoins admirateurs.

Le chien en présence d'une trace de taupe fraîchement dessinée s'arrêtait, puis il la parcourait dans toute sa longueur, marchant à pas comptés et n'appuyant ses pattes sur le sol qu'avec la plus grande précaution, dans la crainte de faire le moindre bruit et de donner l'éveil; ce parcours terminé, il revenait sur ses pas avec la même attention et s'arrêtait vers le milieu de la trace où il s'accroupissait, attendant en silence, et portant un regard attentif et rapide, tantôt à droite, tantôt à gauche, afin de surprendre le plus petit mouvement; puis au moindre soulèvement de terre qu'il apercevait, il se lançait et d'un bond arrivait à l'endroit, où en deux ou trois coups de pattes prestement exécutés, il soulevait la taupe et l'apportait à son maître.

Voyez, dirais-je comme La Fontaine, dans son admirable fable *des souris et le chat-huant*, qui est à la fois, comme on sait, un chef-d'œuvre de concision et de fine critique du systême de Descartes ;

Voyez que d'arguments il fit :

La taupe que je guette et que je veux prendre est sous terre ; elle a l'ouïe fine et peut entendre le plus léger bruit ; sitôt qu'elle l'entend elle se cache et s'enfonce rapidement sous le sol ; en conséquence, il faut arriver près d'elle sans être entendu, donc je dois m'avancer vers sa trace avec la plus grande précaution et pour plus de sureté me tenir immobile, car ainsi il n'est pas possible qu'elle se doute de ma présence et je me placerai de telle sorte que je pourrai la suivre facilement sur toute la ligne de sa marche souterraine, et enfin pour la surprendre sûrement, mon attaque doit être brusque et soudaine.

Prétendra-t-on que ce chien n'a pas agi avec réflexion, que sa manœuvre n'est pas le résultat d'une très habile combinaison ? quant à moi, je crois avoir le droit de dire encore avec La Fontaine :

> « Si ce n'est pas là raisonner,
> » La raison m'est chose inconnue. »

Eh ! pourquoi ne voudrait-on pas que cette intelligente bête eût connaissance de ce qu'elle fait et qu'elle agit ne sachant ce qu'elle faisait. Serait-ce parce qu'elle n'en dit rien *et que ne pouvant user de paroles ni d'autres signes*, comme le dit Descartes, *elle ne peut comme nous déclarer aux autres ses pensées?* et si le sage Plutarque dit aussi que les animaux n'ont *que des voix et point de langage*, Montaigne qui n'était pas tout-à-fait dépourvu de sens, veut lui, qu'elles en aient un. — « *Nous ne* » *les entendons point, il est vrai*, dit-il, *mais à qui* » *la faute? c'est à deviner*, ajoute-t-il, *à qui est la* » *faculté de ne nous entendre point, car nous ne les* » *entendons pas plus qu'elles nous entendent; par* » *cette même raison, elles pensent nous estimer bêtes* » *comme nous les estimons.* »

Entre Descartes, Plutarque et Montaigne, il est permis de balancer; pour moi, je l'ai déjà dit, la réflexion et mes observations m'entraînent vers l'opinion de ce dernier.

Mais diront les gens bien élevés, est-ce que sérieusement vous prétendez placer la brute au rang des penseurs et surtout ces deux chiens dont vous nous avez raconté les finesses avec tant de complaisance?

Pourquoi n'en feriez vous pas de suite des métaphysiciens, des spiritualistes? Vous êtes en bon chemin, qui vous arrête? Cependant vous êtes bien osé d'opposer votre sentiment à celui de tant d'hommes célèbres ; vous êtes-vous au moins fait connaître par des études et des expériences physiologiques. Hélas non ! Vous faites donc profession de philosophe, pas davantage ! Qui êtes-vous donc enfin pour vous poser en défenseur d'une thèse où vous trouvez de si redoutables adversaires. Rien ! qu'un modeste contemplateur des choses de ce monde, un de ces naturalistes amateurs dont parle Bonnet, *qui aiment à s'enfoncer dans les bois pour suivre les allures des êtres sentants, juger des développements et des effets de leur faculté de sentir, et voir comment par l'action répétée de la sensation et de l'exercice de la mémoire, leur instinct s'élève jusqu'à l'intelligence.*

Voilà mon seul titre qui, j'espère, ne portera d'ombrage à personne ; et ma conviction invincible, l'excuse que j'invoque pour y mettre à l'abri mon inexcusable témérité, et pour consolation, la compagnie de Michel Montaigne et du bonhomme La Fontaine,

LE TROGLODYTE.

—

.En voyant ce titre on pourrait croire à des recherches sur l'existence plus ou moins certaine
d'une nation qui jadis habitait, dit-on, la partie
orientale de l'Afrique; qu'on se rassure, j'abandonne
aux savants cette importante affaire.

Je veux tout simplement et en très peu de mots
faire l'historique du plus mince habitant ailé de nos
climats, le roitelet toutefois excepté.

Le troglodyte, ainsi nommé par les naturalistes,
est cet oiseau vulgairement appelé *bérichon* dans
notre Anjou. La couleur brune et sombre de son
plumage est en rapport avec la modestie de ses habitudes; son vol, toujours peu élevé, est brusque,
rapide et court. C'est ordinairement le long des

fossés, sur les débris de vieux murs, au pied des buissons, qu'on le voit chercher en sautillant les petits insectes dont il se nourrit. Il se rapproche volontiers de l'habitation de l'homme; mais il semble fuir la demeure du riche et les monuments fastueux.

C'est à la chaumière, au toit le plus humble, qu'il suspend son nid et confie sa nombreuse couvée. C'est le chantre du pauvre; il le console et semble lui dire par la vivacité et la gaîté de son chant que la saison des frimats est passée.

Aux premiers beaux jours sa voix prend un éclat hors de proportion avec sa petite taille. Eveillé avant l'aurore il nous annonce un des premiers le retour de la lumière.

Bien des gens ne savent pas, et Buffon lui-même pourrait avoir ignoré, que ce petit être, toujours si vif et si *allègre*, malgré son extrême délicatesse, est susceptible d'éducation et doué d'une puissante mémoire : il sait imiter à s'y méprendre le chant des autres oiseaux.

Je me rappelle en avoir entendu un qui chaque matin venait s'établir sur le bord d'une fenêtre où était suspendue la cage du serin le plus mélomane que j'aie jamais connu. C'était une lutte de longue haleine, dans laquelle il était impossible à l'oreille la plus exercée de distinguer lequel des deux virtuoses connaissait le mieux et savait exprimer avec le plus de précision le répertoire entier d'une admirable serinette.

Les concerts de ces oiseaux me charmaient, j'y prenais un plaisir extrême; aussi m'étais-je bien promis de payer à leur mémoire, quand l'occasion se présenterait, le faible tribut de ma reconnaissance.

Le troglodyte ne vivrait pas en cage; il est d'humeur trop indépendante et préférerait, je crois, la mort à une vie cellulaire. Du reste je ne sais si l'expérience a été tentée. Ce serait un essai digne des ornithophiles, et dans tous les cas je le leur recommande comme une source de délices, si le succès couronnait leurs efforts.

LE CORBEAU, LA CORNEILLE

OU LA GROLLE.

———

J'ai dit ce que j'avais à dire du troglodyte, petit oiseau, petite histoire. Je vais parler maintenant du corbeau ou plutôt de la corneille, de la *grolle,* comme l'appellent nos villageois.

Du bérichon à la corneille le passage est brusque, j'en conviens, mais je suis l'ordre de mes souvenirs, sans nul souci des lois de la méthode. Après tout je ne fais pas une œuvre didactique.

Quiconque voudra porter un regard attentif sur la corneille, ne tardera pas à reconnaître que la nature en a fait un type de puissance et d'énergie vitales. Quel larynx, quel thorax et quelle voix ! et aussi quel plumage serré, fourré et toujours si bien lustré !

La corneille vit cent ans, sa longévité est devenue proverbiale, et longtemps encore nos jeunes latinistes se transmettront d'âge en âge la phrase sacramentelle : *corvi dicuntur diutissimè vivere.*

Oui ! Dieu a donné au corbeau et à la corneille une longue vie, mais savent-ils toujours en faire un noble usage ? je n'hésite pas à me prononcer pour la négative, et je prouverai que mon opinion n'est pas une calomnie. Cet oiseau manque de cœur et de délicatesse ; cependant avant de l'attaquer sur ces vices capitaux, je veux dire quelques mots de ses rares qualités. La corneil e connaît admirablement le milieu dans lequel elle est appelée à vivre, son instinct lui a révélé les lois de la physique, et je me rappelerai toute ma vie un fait qu'il faut consigner ici.

C'était à la fin du mois d'août, je suivais doucement les bords de la jolie rivière du *Loir ;* le soleil arrivait au plus haut de son cours, la chaleur était pénétrante et le silence régnait autour de moi ; la nature se reposait et je sentais moi-même le besoin du repos. J'avisai un vieux saule, et à l'ombre de son feuillage je me couchai, les yeux dirigés vers le ciel.

A peine avais-je goûté le charme de cette position contemplative, qu'un spectacle étrange me troubla. Je voyais devant mes yeux une innombrable quantité de petits points noirs, allant, venant et circulant dans l'espace à une distance qu'il m'était impossible d'apprécier.

Je crus d'abord que j'étais le jouet d'une illusion; puis l'imagination aidant, je passai à la crainte d'un affaiblissement de la vue, et revenant bientôt à l'espérance, — non me dis-je, je ne suis point encore à l'âge (car j'étais jeune alors) où l'on peut redouter la perte du plus précieux des organes. Allons! du courage, de la patience et pénétrons ce mystère.

Je fixe de nouveau et pendant un long temps mes regards vers l'azur le plus pur, même nombre de points, mêmes évolutions. Cependant leur aspect change, leur volume devient plus apparent. Tout à coups j'entends un sifflement, et bientôt j'aperçois clairement une nuée de corneilles se laissant choir comme des balles à travers les airs. Lorsqu'elles furent arrivées à une faible distance du sol, elles étendirent leurs ailes, qu'elles refermèrent lentement au moment où elles se reposèrent sur la prairie.

Qu'étaient-elles allé faire dans ces régions élevées? pourquoi ce retour soudain et si rapide? Voici ce que je répondis aux questions que je m'adressai :

Elles ont fait usage de leurs ailes pour aller chercher là haut ce que j'ai vainement cherché à l'ombre de cet arbre. Il fait une chaleur insupportable ici-bas, même sous la feuillée l'air n'est pas respirable ; gagnons le haut des airs nous y trouverons sûrement le frais, et ne revenons à terre qu'au retour de la brise.

Tel fut le raisonnement que je supposai dicté par l'instinct à mes corneilles, et je pense encore aujourd'hui que je ne me trompais pas. C'est pourquoi depuis ce jour j'ai proclamé le corbeau, la corneille ou la grolle *physiciens pratiques* de premier ordre, *quoique non diplômés.*

Je voudrais n'avoir que des éloges à donner, j'ai peu de goût pour le blâme, et n'aime pas à m'appesantir sur les défauts d'autrui. Cependant lorsqu'on raconte il faut être impartial, et la morale exige que l'on flétrisse sans ménagement les passions basses et les actions dégradantes.

Il faut donc le reconnaître, la corneille est loin d'être exempte de mauvais penchants ; il en est un surtout qui lui a mérité le châtiment d'être classée parmi les animaux carnassiers, mais lâches. En effet, on dirait qu'elle se repaît avec bonheur de la chair des animaux morts, elle attaque leurs cadavres avec ardeur, se plonge dans les entrailles avec une sorte de délices. J'ai été témoin..... mais non, détournons nos regards d'un spectacle qui soulèverait le dégoût, et pourtant ce n'est point assez, il faut le dire encore, la corneille est sans pudeur, sans respect pour la faiblesse et pour l'enfance. Que de fois j'ai vu des corneilles ou des pies venir sous mes yeux, à mes pieds, enlever de pauvres petits poussins et des cannetons, malgré mes cris et ceux de leurs innocentes victimes, et commettre ce rapt avec toute l'effronterie de vieux coquins.

Des ornithophiles de nouvelle date se sont mis à l'œuvre, et depuis quelque temps nous rencontrons, tantôt dans un journal quotidien, tantôt dans une revue agricole et autres publications, les plaidoyers les plus chaleureux en faveur de certaines espèces de nos oiseaux, dont les mœurs et les instincts ne me semblaient guère mériter un tel excès de zèle.

Aujourd'hui c'est le moineau, demain la mésange, un autre jour le corbeau qu'ils combleront d'éloges dans leurs panégyriques.

— Gardez-vous, s'écrient-ils, de troubler le moins du monde l'existence de ces êtres bienfaisants. Chasseurs, oiseleurs, cultivateurs, refrénez l'aveugle passion qui vous entraîne, cessez votre guerre impie contre nos plus fidèles serviteurs. Comment avez-vous pu méconnaître les services immenses qu'ils vous rendent? vous ignorez donc qu'on peut compter par millions les insectes que le moineau, la mésange, le corbeau et bien d'autres détruisent chaque année! En vérité votre aveuglement est étrange, mais notre persévérance à les défendre égalera l'énergie de vos attaques.

Je ne finirais pas si je voulais rappeler ce que l'on a écrit à la louange de ces oiseaux. J'en ai dit assez.

On verra plus loin ce que je pense du moineau; quant à la mésange j'en parlerai peu, parce qu'elle est malheureusement douée, elle a le cœur dur et sa cruauté est excessive. Cette méchante petite harpie attaque sans ménagement les pauvres oiseaux affaiblis par la maladie, elle s'acharne à les tourmenter, et à coups de bec redoublés, avec une fureur frénétique, elle leur brise le crâne dont elle fait jaillir la cervelle. Et si elle détruit un grand nombre d'insectes, en revanche on la voit au printemps grimper en sautillant dessus et dessous les branches des arbres à fruits qu'elle ébourgeonne. Au reste sa petitesse, la mauvaise qualité de sa chair, la sauvent des poursuites du chasseur, et comme elle est indocile et d'humeur très sauvage, les oiseleurs ne la recherchent que médiocrement.

Il ne m'a pas été possible de parler aussi brièvement du corbeau, je dois même en parler encore, parce que sous un point de vue il en a été dit trop de bien; je vais plus loin, ce bien qu'on en a dit a été la cause d'une confiance aveugle et désastreuse, et je frémis en pensant que le corbeau a été bien près d'être pour nous ce qu'était l'ibis pour les Egyptiens, c'est à dire un personnage vénérable et sacré. Ce que je dis là n'est point une plaisanterie, voyez! plusieurs de nos assemblées départementales n'ont-elles pas cru devoir le recommander à la triple vigilance des autorités militaires, administratives et judiciaires? Oui, Messieurs, les corbeaux sont aujourd'hui placés sous l'égide protectrice de la loi. Désormais ils peuvent s'abattre sur les semailles, s'y prélasser à leur aise, gratter la terre avec leurs ongles et y enfoncer le bec en toute sûreté, de par sentence préfectorale, en bonne et due forme, défense aux cultivateurs de *les poursuivre, de les attaquer et de les tuer*. Au nom des ornithophiles de sages législateurs nous enseignent que le corbeau ne cause aucun dommage dans les champs nouvellement emblavés, que les cultivateurs ont eu tort de l'accuser de suivre *l'aiguille* du blé quand elle commence à poindre et de manger le grain, qu'il se livrait à cette recherche uniquement dans le but de détruire les insectes et les vers enfouis dans le sol, et qu'au lieu de les troubler il était important de les laisser tranquillement vaquer à cette utile besogne.

De tels avis partis de si haut et souvent donnés triomphaient insensiblement de l'incrédulité, et moi-même j'étais à la veille de m'y laisser prendre. Il m'était si doux de croire que je pourrais contempler d'un œil tranquille des myriades de corneilles couvrant comme un immense drap noir des terres toutes fraîches semées! Cependant mes alarmes avaient été si chaudes, qu'elles n'étaient pas entièrement refroidies, je conservais quelques soupçons. Bref, je voulus en avoir le cœur net et m'enquérir par mes yeux de la vérité du fait. Un jour donc que dans le champ voisin, de corbeaux une nombreuse cohorte becquetait et grattait à qui mieux mieux, je jugeai à propos de leur adresser un avertissement sous forme d'un de ces coups de fusil dont la détonation annonce l'intention du tireur. Trois des leurs restèrent sur place, et sans prendre garde aux évolutions et aux bruyantes réclamations de la cohorte sans doute exaspérée de mon audace, je procède à l'enlèvement des cadavres. A cette vue, un effroyable cri de rage et de dépit retentit du haut des airs, et je dus croire que mon intention avait été devinée. De retour au logis je me hâtai de pratiquer une large ouverture sur les corps de mes trois victimes, à l'en-

droit où je devais acquérir la preuve de leur innocence ou saisir le corps du délit.

La poche stomacale était à peine ouverte qu'aussitôt j'aperçus comme une pelotte composée de farine
et de son; mais d'insectes, j'eus beau fouiller, pas
le moindre vestige. — Fiez-vous donc, m'écriai-je
à mon tour, aux beaux discours et aux séduisantes
affirmations de nos ornithophiles! Cultivateurs, mes
confrères, il importe de ne pas être plus longtemps
la dupe de ces dangereuses rêveries. Si vous vous
êtes endormis dans une funeste sécurité, réveillez-
vous! j'ai vu le mal, je l'ai touché du doigt, je vous
le signale, réveillez-vous!

Devant cette expérience accablante, faite sur vos
chers oiseaux, qu'allez-vous dire intrépides corvi-
philes, conserverez-vous et prétendrez-vous encore
faire partager vos illusions? Croyez-moi, le mieux
est d'y renoncer, et quoiqu'il puisse vous en coûter,
convenez que vous vous êtes terriblement fourvoyés.
De plus permettez-moi quelques reproches en indemnité de l'effrayante quantité de grains dévorée
par vos protégés.

Défendre aux cultivateurs, sous peine de châtiment, de tirer, de tuer des corbeaux, de leur tendre
des piéges, surtout à l'époque des semailles, dé-
tourner l'arme vengeresse de ces terribles destruc-

teurs, c'est tout simplement encourager un méfait. Abattre d'une main ce que de l'autre on veut protéger, c'est en un mot une bonne et franche absurdité.

Serai-je écouté, me croira-t-on? Je l'ignore; il m'est au moins permis de l'espérer.

A l'occasion de la corneille, j'ai parlé de la pie, cela ne m'étonne pas, il y a entre ces deux larrons une certaine affinité et des rapports de mœurs et de caractère que l'on ne peut méconnaître. Je les crois même un peu parents, et j'ai connu bon nombre de braves gens persuadés que la pie était la femelle du corbeau.

LA PIE.

—

La pie est voleuse, tout le monde le sait, mais tout le monde ne sait peut-être pas jusques à quel degré elle peut pousser la patience et la dissimulation, et avec quelle profondeur elle médite un larcin. L'exemple suivant en donnera la preuve.

En ma qualité d'agriculteur, j'ai une basse-cour assez bien garnie de poules noires, toutes noires, parce qu'elles sont les plus riches pondeuses. Les poules ne sont pas toujours faciles à gouverner; quelques-unes contractent des habitudes indomptables, et beaucoup ont des caprices. Or donc, une de celles que je possédais, s'était imaginé d'aller pondre sur la tête dépouillée d'une vieille *souche* d'ormeau, pensant ainsi se soustraire à la vigilance et à la main de la ménagère. Vain espoir! la ruse avait été découverte, et d'ailleurs la malheureuse n'avait pas compté sur une autre ennemie.

Un matin, la servante chargée du soin de la *poullaille* m'annonça qu'elle venait de trouver au pied de la souche, des coquilles d'œuf parfaitement vides. — Voyons, lui dis-je, n'avez-vous aucun soupçon? — Non, monsieur. — Vous ne connaissez aucun amateur capable de nous jouer ce tour? — Aucun — Eh bien! nous verrons si plus tard nous ne découvrirons pas le délinquant, et dès le lendemain je me plaçai en observation.

Je ne fus pas longtemps sans voir arriver ma pondeuse, elle s'avançait lentement, affectant un air de négligence et de distraction : attaquant un brin d'herbe, puis l'autre, grattant la terre et faisant mine de chercher de petits vers, tout cela dans la crainte d'éveiller mes soupçons.

Enfin elle se décide à gravir, saute de branche en branche, et arrive comme par une échelle sur la tête de la souche, où elle se pose.

Mon attention était tout entière à cette manœuvre, lorsqu'elle fut distraite par l'apparition soudaine d'une pie, qui avait son nid dans le voisinage. Elle s'était perchée sur une branche de noyer, situé à quelques mètres de distance et dominant le lieu où la poule s'était établie.

Toutes deux observaient un silence absolu. Cependant la pie se frottait le bec avec les pattes, lissait de temps à autre ses plumes avec le bec, se gardant bien de faire entendre le moindro cri. J'étais loin de penser que sous ce calme apparent et cette tranquillité affectée, elle cachât et roulât dans sa tête de perfides desseins. Aussi mon étonnement fut-il grand, quand je vis cette bête scélérate se lancer comme un trait, au moment même où la poule se levait et faisait entendre les premiers accents de la délivrance; se saisir de l'œuf frais pondu, le percer d'un coup de bec, le *humer* et lancer à terre sa coquille, fut l'affaire d'un instant.

Tant de patience pour attendre le moment favorable, tant d'habileté dans l'exécution d'un projet si longtemps prémédité me confondirent, j'étais stupéfait. Toutefois je ne regrettai pas mon temps, mais je maudis l'oiseau.

Et, sans remords, j'ajoute ce délit à la liste déjà si longue de ses mauvaises actions.

LE HÉRON.

—

J'ai lu dernièrement dans un des journaux de notre département, qu'un chasseur avait tué un *héron blanc;* ce récit trop court a pourtant ranimé ma mémoire.

Il y a ma foi vingt ans de cela, je revenais du petit bourg de *Soucelles,* après avoir fait la chasse aux sarcelles et aux pluviers. Chemin faisant, je rencontrai mon vieux curé; homme de grande taille et de robuste complexion, véritable philosophe chrétien. Il avait de l'expérience et du savoir, et sa conversation qui ne manquait pas d'un certain charme, tournait quelquefois à la garrulité.

Comme les miens, ses goûts étaient champêtres : que de fois il m'avait entretenu des beaux sites de l'Andalousie, pays où il avait été un peu forcé d'aller passer les mauvais jours de notre première révolution. (Les révolutions font toujours voyager, ceux-ci ou ceux-là, selon les temps).

Nous marchions côte à côte dans la direction d'une petite île. J'écoutais attentivement une description qu'il avait commencée, quand tout à coup il s'arrête, et dirigeant vers un ruisseau le long et gros bâton d'épine qu'il affectionnait : — Voyez-vous, me dit-il, là bas, un solitaire qui vous attend.

Je regarde, c'était un héron, immobile comme un terme, et faisant le guet sur le bord de l'eau.

J'étais, je peux le dire, un habile tireur, et comme tous les jeunes chasseurs, avide d'apporter au logis une rareté. Plus d'une fois je m'étais inutilement échiné à la poursuite d'un héron ; si c'eût été d'un *héron blanc*, je me le pardonnerais. Mais cette fois encore, il s'agissait tout bonnement d'un héron vulgaire et parfaitement gris. Cependant, je ne l'avais pas aperçu que je courais, et j'étais déjà loin, quand j'entendis ces paroles : — Si vous le blessez, prenez garde à vous !

Je ne me doutais pas qu'elles continssent un sage avertissement, et d'ailleurs le désir d'obtenir et la crainte de laisser échapper une si belle proie, m'absorbaient tout entier.

Un arbre se trouvait placé entre l'oiseau et moi, circonstance heureuse qui me permit d'approcher sans être aperçu. Sitôt que je touchai l'arbre, je me démasquai; et le héron, surpris, poussa un de ces cris rauques et mélancoliques, que je n'entends jamais sans éprouver un sentiment de tristesse et d'effroi.

Je ne dirai pas que je tuai le pauvre animal, on l'a peut-être deviné, mais il n'était pas encore mort, lorsque, dans ma sotte joie, je me précipitai pour le saisir.

Couché sur l'eau et les ailes étendues, il avait replié son long col entre ses épaules; à mon approche il le détendit comme un ressort, et me frappa de son bec dans l'angle de l'œil droit; le coup fut rude, et longtemps j'en ai porté la marque. Viser aux yeux d'un chasseur ce n'est pas trop bête pour un héron !

C'est un genre d'attaque et de défense qui lui est propre, et j'ai su depuis qu'il manque rarement d'en faire usage. Je l'ignorais alors, et comme on vient de le voir, il s'en fallut peu que je ne payasse chèrement mon inexpérience.

Dans quelque situation qu'on l'examine, soit à terre, soit en l'air, qu'il marche ou qu'il vole, le héron est sans grâce et n'a rien d'aimable.

Bien souvent je l'ai observé, sans prévention et

dégagé de tout sentiment de rancune. Je lui ai toujours trouvé l'air d'un triste rêveur, ou d'un grand nigaud.

La Fontaine nous l'a dépeint comme un musard et un important. Je crois qu'il l'avait bien jugé.

LE CANARD.

———

Du héron au canard, il n'y a qu'un pas, je veux
dire que là où l'on voit l'un, il est rare qu'on n'aper-
çoive pas l'autre. Tous les deux fréquentent les
mêmes lieux, mais dans leurs habitudes quelle différence !

Celui-là vit solitaire, celui-ci au contraire aime
les raouts monstres et bruyants. Qui n'a pas vu ces
innombrables bandes de canards sauvages, au milieu
de nos marais qu'ils sont venus habiter pendant l'hi-
vor ; qui n'a pas assisté à leur départ quand le coup
de feu du chasseur a retenti ! A ce moment, le bruit

de leurs ailes imite, à s'y méprendre, le roulement précurseur d'un tremblement de terre.

Le canard, malgré son allure indolente et cet air niais qu'on est généralement convenu de lui trouver, le canard n'est point sot, c'est une bonne créature, et j'ai pour lui un fond d'amitié sans mélange. C'est mon oiseau de prédilection, je ne le cache pas.

Jamais je n'ai eu de graves reproches à lui adresser. Quelquefois il se permet de brouter des laitues, dérobe quelques fruits; mais qu'est-ce que ces peccadilles, comparées aux services nombreux qu'il nous rend? Intrépide mangeur de limaces, de limaçons et d'insectes de toute sorte, c'est le meilleur défenseur de nos semis et de nos plates-bandes en fleurs.

Que de fois cependant, je l'ai harcelé, tourmenté, tracassé, lorsque j'avais cet âge *où l'on est sans pitié*; et peut-être doit-il à un sentiment de juste repentir, le degré d'affection que je lui ai voué.

Le canard mange, boit, et digère presque en même temps. Il n'observe pas toujours la loi des convenances et de la propreté, mais sur son corps il est irréprochable. Quel beau plumage lisse et brillant! et comme il en a soin, avec quelle habileté il s'arrose par de larges gouttes d'eau qu'il fait sauter et rouler sur ses ailes à demi étendues, quelle grâce et quelle onction, pour ainsi parler, dans les mouvements de son cou et de sa tête, quand il donne le dernier coup à sa toilette!

Pour un cultivateur, le canard est un baromètre vivant. La sécheresse a-t-elle été longue et brûlante? observez; si de ses ailes il bat l'eau d'une mare à coups redoublés, s'il se baigne et plonge souvent avec une sorte de frénésie, ayez espoir! la pluie n'est pas loin.

Enfin, il faut bien que cet oiseau ait un vrai mérite, et des qualités qui le distinguent, pour avoir inspiré deux de nos plus grands écrivains : Buffon et Châteaubriant. On me permettra de citer quelques fragments des descriptions de l'un et de l'autre de ces observateurs de la nature; ce sont des tableaux qu'on aime à revoir, et que les amateurs ne se lassent jamais d'admirer.

« Les anciens, dit Buffon, avaient exprimé par un
» mot particulier la voix des canards; et le silen-
» cieux Pythagore voulait qu'on les éloignât de l'ha-
» bitation où son sage devait s'absorber dans la mé-
» ditation. Mais pour tout homme, philosophe ou
» non, qui aime à la campagne ce qui en fait le plus
» grand charme, c'est-à-dire le mouvement, la vie,
» et le bruit de la nature, le chant des oiseaux, le
» cri des volailles, variés par le fréquent et bruyant

» *kankan* des canards, n'offensent point l'oreille, et
» ne font qu'animer, égayer davantage le séjour
» champêtre; c'est le clairon, c'est la trompette
» parmi les flûtes et les hautbois; c'est la musique
» du régiment rustique. »

Et Châteaubriant : — « Par un temps grisâtre
» d'automne, lorsque la bise souffle sur les champs,
» que les bois perdent leurs dernières feuilles, une
» troupe de canards sauvages tous rangés à la file,
» traverse en silence un ciel mélancolique. S'ils
» aperçoivent du haut des airs quelque manoir go-
» thique, environné d'étangs et de forêts, c'est là
» qu'ils se préparent à descendre; ils attendent la
» nuit et font des évolutions au-dessus des bois.
» Aussitôt que la vapeur du soir enveloppe la vallée,
» le cou tendu et l'aile sifflante, ils s'abattent tout à
» coup sur les eaux qui retentissent; un cri général
» suivi d'un profond silence, s'élève dans le marais.
» Guidés par une petite lumière, qui peut-être brille
» à l'étroite fenêtre d'une tour, les voyageurs s'ap-
» prochent des murs, à la faveur des roseaux et des
» ombres. Là battant des ailes et poussant des cris
» par intervalles, au milieu du murmure des vents
» et des pluies, ils saluent l'habitation de l'homme. »

Quel charme dans ces ravissantes descriptions
pour celui qui a observé! chaque phrase, chaque

expression, n'est-elle pas un tableau? et je ne sais s'il est possible de peindre avec plus de fidélité. — Voilà de ces coups de pinceau que les maîtres seuls savent donner.

Après ce qu'on vient de lire, je devrais me taire. Il me reste pourtant un mot que je veux dire.

L'amour de la femelle du canard pour sa couvée est extrême. Quand elle a pondu le nombre d'œufs qu'elle peut couver, elle se dépouille à grands coups de bec de son duvet, pour les couvrir, les réchauffer et activer l'éclosion.

Souvent j'ai vu de ces tendres mères sortir de leur nid le cou et la poitrine entièrement dénudés, mais la tête haute, et fières de traîner après elles un long chapelet de gentils cannetons.

Je quitte les habitants des lacs, des marais et des rivières pour revenir aux hôtes de nos bois.

LE PIGEON RAMIER.

—

Sait-on bien l'histoire de ce bel oiseau, le pigeon ramier, dont la partie antérieure du corps est colorée d'un rose tendre légèrement teinté de violet et qui porte un demi-collier d'argent? J'en doute.

Il ne faut pas avoir palpé longtemps le corps du pigeon ramier pour acquérir la preuve que les parties dont il se compose offrent un tout bien lié, fortement articulé, et dont les contours nets et précis forment un ensemble des plus gracieux. Je serais volontiers de l'avis de ce paysan qui me disait : *cet oiseau a vraiment bonne mine !*

Si la longueur de l'existence est proportionnelle à la vigueur de l'organisme, comme celle de la corneille, la vie du pigeon ramier doit être très longue, et son estomac, s'il faut en juger par ce que j'ai vu, est assurément doué d'une puissance digestive extraordinaire.

J'en tenais un dont j'avais brisé le fouet de l'aile; surpris du développement de son jabot, je le pressai assez fortement pour que l'animal ouvrît le bec et rendît un gland entier, puis deux, puis trois, j'en comptai jusqu'à six.

J'avais bien lu dans les ouvrages des naturalistes que le ramier se nourrissait de glands, mais il ne m'était pas venu dans la pensée qu'il les avalait entiers, et surtout que son estomac pût en supporter et en digérer un aussi grand nombre à la fois. Ceci peut paraître une exagération ; non, je suis narrateur fidèle et scrupuleux.

Au temps des amours on le voit souvent perché sur le sommet d'un grand arbre, de là il s'élève perpendiculairement dans l'air qu'il frappe avec bruit; parvenu à une hauteur qui n'est jamais bien grande, il étend ses ailes et redescend en décrivant d'élégantes spirales au lieu d'où il est parti et se met à roucouler. Il répéte coup sur coup cet exercice, qui paraît être un jeu pour lui et vraisemblablement aussi pour sa femelle, dont il partage les soins et les ennuis de la maternité.

Il s'éloigne peu d'elle, et lui prodigue les marques d'un attachement infiniment plus sincère que celui de notre pigeon domestique, qu'on a voulu, certainement à tort, représenter comme un modèle de constance et de fidélité conjugale. Quant à moi j'ose affirmer que ce dernier est un coureur éhonté, car plus d'une fois, et dans le même jour, *horresco referens*, je l'ai surpris en flagrant délit de bigamie.

Parmi les oiseaux émigrants qui viennent le plus tardivement habiter nos climats, la jolie tourterelle grise se rapproche beaucoup du ramier, presque même vol et même chant, mais d'un naturel plus doux et moins sauvage, elle se soumet plus facilement aux privations de l'esclavage et de la domesticité.

Et pourtant le pigeon ramier, lors même qu'il vit en liberté, ne s'effraye pas toujours de notre approche, loin de là. Nous avons sous les yeux, un exemple constant, des rapports de familiarité qui se sont établis, depuis longtemps, entre l'homme et lui. Quel Parisien n'a eu fréquemment l'occasion d'observer les pigeons ramiers, qui ont élu domicile sous les combles des vastes et beaux édifices, situés autour des jardins du Luxembourg et des Tuileries?

Dans les jours du printemps et de l'été, lorsque ces jardins se remplissent de promeneurs, des volées de pigeons descendent du faîte des maisons, du sommet des marronniers sur les gazons. Ils vont, viennent, s'ébattent sur la pelouse au milieu de la foule. C'est plaisir de les regarder quand ils traversent les plates-bandes; les brillantes couleurs de leur plumage se confondent et se marient si bien à celles des plantes, que l'œil s'y trompe, et croit aisément voir des fleurs animées.

Chacun se plaît à leur jeter des petits morceaux de pain qu'ils ramassent et prennent parfois jusque dans la main, sans trop d'hésitation. Leur confiance va plus loin encore; ils se perchent sur les barreaux des chaises et presque sur l'épaule des personnes qui s'y reposent.

Il n'y a pas d'être si sauvage que l'on n'apprivoise par des marques réitérées de bienveillance. Rien ne résiste aux charmes d'une affection sincère, elle soumet tout à son empire.

LE PIC VERT.

—

Si vous pénétrez dans un taillis garni de grands chênes, et mieux encore dans une futaie, et que vous prêtiez une oreille attentive, vous entendrez bientôt, soyez en sûr, de petits coups secs, frappés en cadence et par intervalles très rapprochés. Marchez vers ce bruit et vous découvrirez son auteur. Vous verrez un pic vert faisant usage de sa tête comme d'un marteau. Rustique dans toute l'acception du mot, le pic ne se contente pas de hanter les bois, il passe son existence presque entière sur l'écorce des arbres.

La nature l'a doué d'une organisation exceptionnelle et digne d'exciter la curiosité. Je ne sais pourquoi Buffon, toujours si exact et surtout si pittoresque dans ses descriptions, passe sous silence des détails intéressants sur les habitudes de cet oiseau. Ses divers cris semblent l'avoir frappé plus que tout le reste. D'abord c'est son cri d'amour qui ressemble en quelque manière à un éclat de rire bruyant et continu : *tio, tio, tio, tio, tio,* répété jusqu'à trente et quarante fois de suite ; puis son chant plaintif et traîné : *plieu, plieu, plieu,* qu'on entend de très loin et par lequel on croit vulgairement qu'il annonce la pluie.

Il nous dit bien l'usage qu'il sait faire de sa longue langue, mais il ne nous la fait pas voir dans son admirable et singulière construction.

Cette langue, longue de 20 centimètres au moins, ressemble à une broche mince, affilée, arrondie, pointue et rétractile à la volonté de l'oiseau. Lorsqu'il l'a plongée dans une fourmilière, il la retire en la faisant rentrer dans un étroit fourreau dilatable à sa volonté et situé au-dessous du gosier, ce qui lui permet ainsi d'avaler les insectes dont elle est chargée, sans craindre qu'ils pénètrent dans cette espèce de gaîne. Sa queue n'est pas moins curieuse que sa langue. Composée de plumes aiguës, élastiques et fermes jusqu'à leur extrémité, c'est sur elle qu'il se repose et s'appuie lorsqu'il travaille contre un arbre à déloger les insectes.

La femelle fait son nid et dépose ses œufs au fond d'un trou profond, d'où elle fait entendre, si vous en approchez, un sifflement de reptile qui a bien souvent effrayé plus d'un dénicheur.

Jusqu'à ce jour je n'ai pu pénétrer les causes d'antipathie et de haine qui semblent exister entre le pic vert et la pie. Toujours est-il qu'ils se rencontrent rarement sans avoir une affaire. Il est vrai que cette dernière (j'avais oublié de le dire) est taquine et querelleuse, et le pic n'est peut-être pas endurant.

LE CHAT-HUANT.

—

Mais que vois-je sur le bord de ce trou de pic vert
percé dans un vieux châtaignier ? c'est la triste figure
d'un hibou, immobile et silencieux. Quel sang-froid
dédaigneux il oppose aux criailleries de tout un petit
peuple ameuté contre lui ; quels grands yeux fixes,
et comme il meut sa grosse tête ! on dirait qu'elle
se sépare de son corps dans le mouvement alternatif
de droite à gauche qu'il lui imprime. Le bruit qui se
fait autour de lui ne le préoccupe même pas, toute
son attention semble se concentrer sur un événe-
ment qui se passerait au loin. Ah ! le voilà qui descend au fond de sa caverne, les cris cessent. Il reparaît, les cris redoublent ; et cette fois les pies, les
geais et les corneilles viennent grossir la cohorte des

assaillants; c'est un charivari dans toutes les règles.

Cependant il n'y tient plus, son flegme l'abandonne, l'impatience ou la honte l'emporte, il disparaît et ne revient plus. Il s'est définitivement retiré dans son obscure retraite, sans doute pour méditer une vengeance ou des attaques nocturnes.

Je crois depuis longtemps que le crâne d'un chat-huant devrait figurer au premier rang dans les collections des disciples de Gall. Si le système de ce physiologiste est vrai, l'on doit infailliblement rencontrer sur ce crâne volumineux les protubérances fortement accentuées de la prévoyance et de la dissimulation.

J'ignore si le chat-huant surprend traîtreusement pendant la nuit les oiseaux dans leur sommeil, la haine qu'il leur inspire me le ferait supposer. J'ai vu du reste plusieurs fois de jeunes hibous avaler les cadavres de deux ou trois petits moineaux avec la même aisance que s'ils eussent gobé des fraises.

Sa voix triste et lugubre m'a souvent troublé dans mon enfance, et je ne puis encore l'entendre sans éprouver une certaine émotion. Cependant cet oiseau ne doit pas être l'objet d'une répugnance absolue, il mérite notre reconnaissance vu la guerre habile et meurtrière que lui seul peut faire, durant l'obscurité des nuits, aux animaux dévastateurs.

A certaines époques, dans les pays de vastes plaines dépourvues de ces vieux et grands arbres qui servent de retraites aux hibous, on voit d'innombrables bandes de rats, de souris et de mulots sillonner les campagnes. Avertis par quelques éclaireurs, les chats-huants quittent alors les forêts lointaines. Sont-ils arrivés, qu'ils attaquent, tuent, mangent et dispersent ces armées de rongeurs, et les récoltes sont ainsi préservées de leurs plus redoutables ennemis.

L'EFFRAIE OU LA FRESAIE.

—

L'effraie, vulgairement appelée la fresaie, a de
nombreux rapports avec le chat-huant. Celui-ci vit
en ermite au fond des bois, celle-là vit en religieuse
au milieu des villes, même les plus populeuses, dans
les clochers, les tours des églises et des vieux monastères.

L'aspect et le nom de la fresaie ont acquis depuis
longtemps le fâcheux privilége d'éveiller, chez un
grand nombre de personnes, des sentiments de tristesse et d'inquiète curiosité. A les voir, à les entendre, quand elles racontent ces histoires que la cré-
dulité toujours avide et superstitieuse a répandues
dans presque tous les pays, on dirait que cet oiseau

a été fatalement marqué pour être l'avant-coureur de sinistres présages.

Cependant, si exempt qu'on puisse être de tout espèce de préjugés, il est impossible de ne pas reconnaître que les mœurs de la fresaie lui donnent une sorte d'odeur de cloître, un certain air de mysticité.

Qui en effet n'a pas été frappé de son vol silencieux, de ses deux grands yeux placés au milieu d'un cercle de plumes semblables aux bords d'une coiffe, et surtout de ses cris plaintifs et prolongés?

A l'arrivée du crépuscule les effraies quittent leurs obscurs réduits ; elles sont si légères qu'elles semblent glisser sur l'air quand elles volent, et sans que le moindre bruit annonce leur présence, elles apparaissent tout à coup aux fenêtres des appartements où brille une faible lumière, et comme presque toujours les chambres des malades sont éclairées durant la nuit, il est rare que quelque fresaie du voisinage ne vienne attrister, par le frôlement de ses ailes contre les vitres et par sa voix lugubre, les personnes assises au chevet du mourant.

Dans ces moment solennels et de secrète terreur, quand l'esprit, même le plus ferme, ne peut se soustraire à l'émotion, l'imagination est prompte à s'emparer du fait le plus simple et le plus innocent, elle le dénature et lui donne une explication conforme aux pressentiments qui l'agitent ; ainsi prennent naissance tous ces récits mystérieux, toutes ces histoires de revenants, de sorciers dont on berce l'enfance, qu'on aime à raconter au coin du feu pendant les soirées d'hiver, et dont *l'oiseau de la nuit* est souvent le triste héros.

J'ai longtemps habité une vieille maison de campagne, jadis la demeure d'un riche abbé ; un immense grenier régnait sur toute son étendue. Quelques effraies, attirées sans doute par la multitude des rats, des souris et des belettes dont il était infesté, y étaient entrées sans que personne y prît garde. Pendant la nuit des bruits étranges jetaient l'alarme dans le cœur des habitants. Si quelqu'un, plus brave ou moins poltron que les autres, s'aventurait pour en découvrir la cause et appliquait son oreille contre la porte du grenier, il en revenait bientôt pâle et tremblant. Ah ! quelles plaintes et quels lugubres gémissements j'ai entendus ! je crois encore les entendre ; puis dissimulant sa couardise sous l'apparence d'une crainte justement motivée, il opposait le silence aux plaisanteries, cherchait à vous en imposer par un air de mystère et de dédain, plutôt que de tenter une nouvelle épreuve.

Un jour, je ne me souviens pas pour quels motifs,

je pénétrai dans ce vaste repaire ; j'y étais à peine entré que je vis à mes pieds les cadavres de deux fresaies à demi dévorés. Les rats et les belettes s'étaient sans doute vengés de leurs ennemis, et nous avaient ainsi délivrés de ce vacarme nocturne, devenu depuis longtemps le sujet des entretiens de toutes les commères du village.

Les effraies ont un joli plumage, composé d'un épais duvet, d'un fond jaune et mêlé de gris, couvert d'une multitude de taches blanches, imitant de petites perles. Elles ne méritent point le triste honneur qu'une aveugle superstition leur a si injustement décerné. Elles s'apprivoisent facilement, et malgré leur humeur mélancolique, elles ont de temps à autre des accès de folle gaîté.

L'ALOUETTE.

L'alouette est un de nos oiseaux les plus aimables;
ses mœurs sont si douces, et elle chante si bien, qu'il
faut lui pardonner les petits dégâts qu'elle cause
dans nos blés, au moment de la germination.

Son plumage est gris foncé, entièrement gris, parsemé de petites taches noires. Lorsqu'on est près
d'elle, elle se tapit contre la terre, dont la couleur se
confond avec la sienne; c'est la ruse qu'elle emploie
pour se soustraire aux regards du chasseur. Les ornithophiles ne l'ont point oubliée, et cette fois je
me joins à eux pour la recommander à la bienveillance, et la soustraire aux engins des oiseleurs. Mais
hélas! les pâtés d'alouettes ont une réputation sécu-

2*

laire et justement méritée. Que diraient les gourmets s'ils étaient menacés de perdre un des plus beaux fleurons de leur couronne gastronomique. Y pensez-vous ! ce mets une fois défendu n'en serait que plus friand, et alors, malgré la défense, quelle épouvantable déconfiture de ces pauvres oiseaux ; et il faut le dire aussi, l'on n'interdirait pas impunément d'une manière absolue la chasse aux alouettes.

Cependant, je le sais, comme elles passent la nuit couchées sur le sol, à la belle étoile, les hivers rigoureux en détruisent une grande quantité, et l'oiseau de proie ne les épargne pas.

J'ai ouï parler d'un nombre immense de mauviettes pris sous l'épaisse couche de givre qui couvrit la terre dans les derniers jours de l'hiver 1854. C'était, dit le narrateur, par milliers qu'on les voyait voleter sous la couche de glace qui les tenait emprisonnées.

Aussitôt que le froid se fait sentir, ordinairement vers la fin du mois d'octobre, les alouettes se rassemblent par bandes plus ou moins nombreuses, et se répandent dans les champs, pour y chercher le grain nouvellement enfoui. A l'aide de leur bec et de leurs pattes, elles le déterrent, brisent et mangent l'aiguille quand elle vient à paraître.

Si quelque bruit, ou la vue d'un passant, d'un

oiseau de proie les inquiète, elles partent toutes à la fois, s'élèvent souvent assez haut, décrivent de longs et nombreux circuits, s'abattent tout à coup vers la terre qu'elles rasent en serpentant, se relèvent et recommencent plusieurs fois les mêmes évolutions, s'abattant de nouveau, et ne se posant définitivement que si leur inquiétude est calmée.

On l'habitue facilement à la captivité; elle est très recherchée des amateurs; les Anglais surtout, qui ne se passionnent point à demi, lui donnent la préférence sur tous les autres oiseaux imitateurs; et dans quelques-unes de nos villes du midi, on voit aux fenêtres et aux portes de presque toutes les maisons, des alouettes en cage. Elles chantent et sifflent le long du jour; car l'alouette est douée d'une grande mémoire, et ne tarde pas à répéter toute sorte de petits airs qu'elle semble écouter et apprendre avec plaisir.

On trouve l'alouette en tous lieux, cependant elle préfère les plaines, c'est là surtout qu'on lui tend toute sorte de piéges; fusils, collets, filets, gluaux, miroirs, sont mis en usage pour l'attraper; nous nous sommes créé un arsenal de toutes pièces contre ce faible oiseau, et toute chasse est insignifiante si elle ne rapporte plusieurs centaines de victimes.

Elle niche dans les prairies et les blés en herbe, reste

presque toujours à terre, et se perche très rarement.

Il y a plusieurs espèces d'alouettes : la grosse, l'alouette huppée, se rencontre souvent pendant l'hiver sur les places, au milieu des villes; on la voit communément le long des grandes routes, où elle vient chercher les grenailles dans la fiente des bestiaux. Elle attire l'attention des voyageurs par la rapidité de sa marche. Son chant fort court est cependant assez expressif. Son plumage est d'un gris moins foncé et couleur de poussière; elle ne se réunit point en troupes, fait son nid à terre, et toutes ses habitudes sont généralement semblables à celles des autres espèces. L'alouette dite *pipi* mérite d'être mentionnée; c'est la plus petite de toutes, son vol a beaucoup de rapport avec celui de l'alouette des champs; il est toutefois beaucoup moins élevé, et comme elle perche, c'est presque toujours du haut d'un grand arbre qu'elle prend son essor pour monter en l'air ; c'est aussi en chantant qu'elle s'élève et descend à l'endroit d'où elle est partie. Je crois que cette espèce émigre et nous quitte avec les beaux jours.

Tous ces oiseaux se nourrissent de grenailles, de la pointe de quelques herbes et d'insectes; ils nous font peu de dommages. Malheureusement pour eux ils ont la chair fort délicate, et l'homme ne respecte rien quand il s'agit de la satisfaction de ses goûts et de ses penchants.

Elle ne chante qu'au retour de la belle saison, et comme nous ne sentons bien les choses que par leur contraste, nous n'apprécions jamais mieux une belle matinée de printemps chantée par les alouettes, qu'à l'aspect de la nature silencieuse et attristée.

Quand le soir, au cœur de l'hiver, nous venons auprès de l'âtre, réchauffer nos membres engourdis par la froidure, alors nous rêvons au passé, nous aimons à évoquer le souvenir de ces jours, où le soleil s'est levé radieux, où chaque gouttelette de rosée, flottant sur la tige des herbes, étincelle des plus vives couleurs. Du sein des campagnes rajeunies, où l'imagination nous transporte, il nous semble entendre l'alouette, nous la voyons monter perpendiculairement et par reprises vers le ciel, en filant sa chanson; déjà nous l'avons perdue de vue que nous l'entendons encore pendant longtemps; elle reparaît, se tait, plie ses ailes et tombe vers la terre comme une pierre, ou descend lentement, toujours en chantant et en décrivant dans sa route les contours d'une longue spirale.

Mais les voilà! Elles sont revenues les riantes journées :

« *Solvitur acris hiems gratâ vice veris et favoni,*

tout renaît, les prés, les champs et les arbres sont verts. Il faut aller entendre, voir et admirer.

Le disque du soleil n'a pas encore franchi les bords de l'horizon, que déjà les exécutants sont à leurs postes, pour célébrer l'hymne du jour.

J'écoute, c'est mon petit ermite, le bérichon, qui commence; l'alouette du haut des airs, le merle et la grive répondent du fond des bois; bientôt des accents divers s'élèvent de toutes parts, dominés par la voix éclatante du rossignol, arrivé depuis peu avec son compagnon le coucou. Remarquez comme ce dernier maintient la mesure, en jetant son nom par intervalles égaux, dans ce vaste concert. C'est le chef d'orchestre.

Amateurs insatiables de mélodie, auditeurs privilégiés du conservatoire de musique de Paris, qui entendez exécuter, comme on ne les exécute nulle part, les chefs-d'œuvre du grand symphoniste Beethowen, je vous le dis sans vergogne, le moment est venu où je n'envie plus votre bonheur.

LE GEAI.

Je reviens à mes oiseaux, et ce n'est pas sans plaisir. Au reste, je ne suis pas le seul qu'ils intéressent, je vois même qu'ils ont été dans tous les temps un sujet d'admiration et de convoitise.

Que de savantes études! que d'essais périlleux, dans le désir de s'approprier l'ingénieux mécanisme de leurs ailes! Inutiles tentatives! l'homme, malgré ses efforts, n'a pu détrôner les oiseaux, et je lui prédis qu'en dépit de son génie, les oiseaux resteront les élus de ce monde, *les rois de la nature*. Dieu l'a voulu!

Cela dit à leur gloire et à notre confusion, j'arrive à l'histoire de cet oiseau original, dont les ailes sont à demi couvertes de jolies plumes, qu'on dirait être d'émail bleu, et que nous avons tous élevé, dans notre enfance, en lui faisant avaler force cerises, et du lait caillé. — Qui ne connaît pas le geai, *dit ricard* par le peuple angevin?

Avec sa double moustache noire, son œil bleu clair et toujours fort éveillé, le geai a l'air essentiellement goguenard.

Il est brusque, impétueux, colère, et traduit ses impressions en faisant rebrousser fréquemment les plumes de sa tête, mais le trait dominant de son caractère est la curiosité. Instinct funeste! souvent la cause de son malheur.

Son chant est une sorte de langage; imitateur par excellence, il se plaît à exciter la surprise, en contrefaisant le cri de certains animaux, et surtout le miaulement du chat.

Au printemps, il ne célèbre point son mariage comme les autres oiseaux, par des accents de joie et de bonheur. Sa voix plaintive semble exprimer le désespoir d'un amant malheureux. A cette époque, la vie parait être pour lui, non seulement sans charmes, mais un véritable martyre.... *Que de maux, que de maux! les reins, les reins!* s'écrie-t-il d'une voix dolente et à chaque instant, comme s'il était accablé de douleurs.

Et cependant toujours vif et gai malgré ses plaintes, on est tenté de le prendre pour un mauvais plaisant.

J'ai dit que cet oiseau était colère, plus d'une fois il m'en a donné la preuve, et je veux raconter sans blâme ni louange, un de ces accès, qui font époque dans la mémoire d'un chasseur.

Vers la fin du mois de septembre, deux jeunes amis vinrent me demander la permission de faire une *pipée*, dans un petit bois situé près de mon habitation. J'y consentis d'autant plus volontiers, que c'était aussi pour moi une partie de plaisir.

Nous travaillâmes tout le jour avec ardeur, à la construction des allées, des *pliettes*, de la *logette* et *l'arbrot*, et tout fut prêt à point. Nous entrions sous la cabane que le soleil devait encore rester plus de trois quarts d'heure sur l'horizon.

Aux premiers coups d'appeau, un geai répond par un de ces cris secs et stridents que tout le monde connaît, et bientôt arrivant avec son impétuosité habituelle, il s'engage étourdiment entre deux gluaux ; pris par les ailes, il roule à terre du haut de l'arbrot, en jetant des cris de détresse et de désespoir.

L'un de nous s'en empare, tout joyeux de cette importante capture (le geai est le meilleur des appeaux). Aussitôt de commencer à l'agacer pour le faire crier; le pauvre animal joua si bien son rôle, que ses pareils et autres arrivèrent en foule. La chasse était fructueuse, mais les chasseurs sont-ils jamais contents? Aussi malgré notre succès, voulions nous encore plus.

La malheureuse bête était épuisée et semblait succomber sous les tracasseries de toutes sortes qu'on lui faisait subir, il n'était plus possible d'en rien tirer, elle était rendue, et nous allions partir, quand l'un de nous s'écria : Passez-moi le *ricard!* Il faut qu'il chante encore avant notre départ, et nous fasse prendre quelques merles, — puis l'enlevant des mains de son ami, il s'approche pour l'examiner ; mais le geai qui sans doute méditait une vengeance, ne se voit pas plutôt à portée, qu'il saisit son homme par le nez et les lèvres, avec son bec et ses pattes, et cette fois ce n'était plus l'oiseau qui criait.

La scène avait son côté plaisant, cependant il était temps de secourir le malheureux griffé, son état devenait alarmant.

Le ricard s'était comme crispé, et pâmé de colère sur le nez de sa victime, et il ne fallut pas moins que la lame d'un couteau, passée entre les deux parties de son bec, pour lui faire lâcher prise, et sans cette opération, je ne doute pas qu'il eût fini par emporter la pièce.

La lèvre avait été perforée par les ongles, et le nez portait une longue et sanglante marque en forme de V.

Le geai et la pie ne s'aiment pas, et font exception au proverbe *qui se ressemble s'assemble*. Tous les deux sont voleurs, je le crois, je n'oserais cependant l'affirmer; mais le regard furtif et l'air malin du ricard, m'ont toujours donné beaucoup à penser.

LA PERDRIX.

Sur la limite orientale de ma commune, au fond d'une petite vallée dominée par des collines d'un aspect sauvage et presque entièrement tapissées de bruyères, le vénérable pasteur dont j'ai déjà eu l'occasion de parler, avait fait construire une maisonnette, qu'il baptisa du nom d'ermitage.

Au bout d'une longue allée qui commençait à quelques pas, et en face de cette modeste habitation, il fit creuser un vaste bassin, destiné à recevoir des eaux qui, faute d'un écoulement facile, formaient un marécage. Ce travail, d'une certaine importance, fut l'œuvre d'un seul journalier.

Il fallut, comme on le pense, du temps et de la patience pour l'achever, et d'ailleurs la bourse du propriétaire était petite, et s'épuisait plus promptement qu'elle ne se remplissait ; enfin il fut terminé, et quelques années s'étaient à peine écoulées, que les curieux et les amis s'extasiaient à la vue d'un spectacle qui n'était pas sans attraits.

Au son d'une clochette on voyait arriver au milieu des eaux calmes et transparentes, un magnifique troupeau de carpes, aux écailles étincelantes. Assis près du bord, leur meilleur ami les attendait, ayant près de lui une abondante provision de petits mor·ceaux de pain blanc qu'il aimait à leur distribuer. A son air admiratif et satisfait, il était facile de voir que ces admirables poissons faisaient son orgueil et sa joie, et que cette distribution de vivres était pour lui récréation toujours nouvelle.

Pendant les trop courts séjours qu'il faisait à son ermitage, il se plaisait encore à passer les premières et les dernières heures du jour sur un petit promenoir qu'il avait pratiqué au flanc de la colline; de là il contemplait dans le silence et le recueillement, le spectacle varié d'un immense horizon; peut-être sentait-il que le plaisir de la contemplation des beautés de la nature, était le plus sincère hommage que l'homme pût adresser à Dieu, dont il était le digne ministre.

Plusieurs fois j'ai revu ces lieux depuis qu'il les a

quittés pour n'y plus revenir, ses utiles travaux ne sont point effacés, et sa mémoire y vivra longtemps encore.

Par un beau froid du mois de décembre, je m'étais dirigé vers cette contrée pour y chasser des bécassines. Au moment où je traversais le chemin qui longe cette ancienne habitation d'un sage, le nouveau propriétaire me fit accueil et me pria d'entrer; j'acceptai, d'abord en raison de la cordialité de l'invitation, et ensuite parce que je sentais le besoin de prendre, comme on dit, l'air du feu.

La table était dressée, le couvert était mis, et j'assistai au repas de la famille, qui se composait de six convives, y compris deux charmantes perdrix grises, le mâle et la femelle. Celles-ci avaient pris place sur la table qu'elles parcouraient en tous les sens, allant, venant de l'un à l'autre, mangeant ce qu'on leur offrait, quelquefois ce qu'on ne leur offrait pas, recevant les caresses de chacun, et témoignant leur satisfaction par un léger gloussement.

La mère ou l'un des enfants se levaient-ils; aussitôt elles volaient sur ses pas, et revenaient avec eux reprendre leur poste.

Ce petit manége, cette rare familiarité me charmaient; j'interrogeai mes hôtes sur ces deux aimables oiseaux.

Nous les avons, dit-il, apportées au logis, dès les premiers jours de leur naissance, voilà bientôt trois ans qu'elles habitent avec nous; elles nous accompagnent partout, se promènent, mangent et dorment avec nous, elles font partie intégrante de la famille. — Est-ce qu'elles ne vous ont pas donné des descendants? demandai-je aussitôt avec une secrète intention. — Eh mon Dieu non! Le mâle, bien que d'un caractère fort doux, a toujours brisé les œufs de la couveuse. — Quel dommage! et vous ignorez les motifs d'une conduite si contraire au vœu de la nature. — Nous ne pouvons l'expliquer.

De retour chez moi, je ne tardai pas à trouver l'explication que j'avais inutilement demandée. Ce fut Buffon qui me la donna, avec cette finesse et cette sûreté de tact qui le distinguent.

Voici cette description du caractère de la perdrix, elle m'a paru d'une vérité irréprochable et digne de son auteur, on ne la relira pas sans plaisir :

« La société de la perdrix apprivoisée avec l'homme
» qui sait s'en faire obéir, est du genre le plus in-
» téressant et le plus noble: elle n'est fondée ni sur
» le besoin, ni sur l'intérêt, ni sur une douceur stu-
» pide, mais sur la sympathie, le goût réciproque,
» le choix volontaire; il faut même pour bien réus-
» sir, qu'elle soit absolument volontaire et libre. La

» perdrix ne s'attache à l'homme et ne se soumet à
» ses volontés, qu'autant que l'homme lui laisse per-
» pétuellement le pouvoir de le quitter, et lorsqu'on
» veux lui imposer une loi trop dure, une contrainte
» au-delà de ce qu'exige toute société, en un mot
» lorsqu'on veut la réduire à l'esclavage domestique,
» son naturel si doux se révolte, et le regret profond
» de la liberté perdue, étouffe en elle les plus forts
» penchants de la nature, celui de se conserver. On
» l'a vue souvent se tourmenter dans la prison, jus-
» qu'à se casser la tête et mourir; celui de se re-
» produire, elle y montre une répugnance invinci-
» ble : et si quelquefois on la voit cédant à l'ardeur
» du tempérament et à l'influence de la saison,
» s'accoupler et pondre en cage, jamais on ne l'a
» vue s'occuper efficacement, dans la volière la plus
» commode et la plus spacieuse, *à perpétuer une*
» *race esclave.* »

Oui, voilà les nobles qualités de ce joli oiseau,
que l'homme semble avoir choisi comme l'objet
principal de ses barbares plaisirs, et qu'il devrait
prendre plus souvent pour modèle.

LE CHARDONNERET.

Le chardonneret est un de nos plus charmants
oiseaux. La gaîté de son chant, la variété, l'éclat et
la vivacité des couleurs de son plumage, la distinction de ses formes et la gentillesse de ses mouvements, tout nous plaît en lui.

On dirait qu'il a le sentiment et le goût des jolies
choses, et qu'il sait faire un choix parmi les arbustes
sur lesquels il vient se percher.

Souvent c'est au milieu des fleurs les plus gracieuses, sur les branches d'un rosier qu'il bâtit son
nid, ce modèle d'architecture élégante et confortable.

Il se plie avec docilité aux divers caprices de son
maître, qui pousse la cruauté jusqu'à se réjouir de

lui faire acheter par un véritable supplice la satisfaction de ses besoins les plus impérieux.

N'est-ce pas un spectacle à la fois curieux et triste de voir ce faible oiseau tirer, comme un galérien, à l'aide de son bec et de ses pattes, la chaîne dont chaque extrémité porte le petit seau qui contient son boire et son manger. Mais ce n'est pas toujours en vain que l'on abuse ainsi de sa patience et de sa résignation. Ne trouvant plus alors dans son esclavage qu'une source inépuisable d'amertume, le chagrin ne tarde pas à le consumer, et bientôt il succombe accablé sous le poids d'une vie devenue désormais insupportable.

Les mœurs et les habitudes de cet oiseau sont fort connues, je n'en parlerai pas. J'ajouterai seulement quelques mots pour terminer sa courte histoire.

La douceur paraît être le fond de son caractère, et la reconnaissance, cette noble qualité du cœur d'autant plus précieuse qu'elle devient plus rare, ne lui est point étrangère. Il paye par une soumission presque absolue la tendresse et les soins qu'on lui prodigue, et quoique d'un naturel indépendant, comme tous les êtres destinés à vivre dans l'espace, il va jusqu'à chérir la cage où il a longtemps vécu. Laissez-le libre d'en sortir, vous l'y verrez souvent rentrer; et même quelquefois il y viendra mourir, pour vous voir une dernière fois, et comme pour vous dire que la mort est moins amère là où l'on sait qu'on est aimé et qu'on doit y être un sujet d'agréables souvenirs.

LE CYGNE.

—

Les personnes qui ont habité la campagne sans interruption pendant quelques années, savent que chaque saison est marquée par l'arrivée ou le départ d'oiseaux de différentes espèces. L'hiver nous amène les oies, les canards, les pluviers, les bécasses, et si les étangs et les rivières restent longtemps glacés, alors les beaux habitants de la Scandinavie, les cygnes, aussi blancs que la neige, viennent par troupes nombreuses visiter nos climats ; mais aussitôt que la température se radoucit, ils nous quittent pour retourner vers les lieux où ils sont nés.

Durant le rigoureux hiver de 1829, dont j'ai déjà eu l'occasion de parler, on rencontrait fréquemment un grand nombre de ces oiseaux ; ils stationnaient sur les bords et sur la glace des lacs et des rivières. La couche épaisse de neige dont la terre resta long-temps couverte ne leur permettant pas de trouver la moindre nourriture, ils semblaient exténués de besoin ; enfin le dégel arriva, et je crois encore les voir au moment du départ ; leur vol était bas, lent et lourd, ils jetaient par intervalle un cri sauvage et de nature à renverser les illusions les mieux enracinées.

Depuis le jour où pour la première fois mes oreilles ont été frappées par la voix du cygne, j'ai mieux compris qu'il fallait, comme on a coutume de le dire, beaucoup accorder aux poètes, et je n'entends jamais parler de son chant mélodieux sans qu'aussitôt je me rappelle ces vers du bon Horace :

..... Pictoribus atque poetis,
Quid libet audendi semper fuit æqua potestas.

Ce qui veut dire (en bonne traduction) que les peintres et les poètes sont quelquefois de grands mystificateurs.

Plusieurs de ces voyageurs arrivés dans nos contrées ne devaient point revoir leur patrie, et ceux que l'on fit prisonniers, après qu'ils eurent été légèrement blessés, embellirent de leur présence les jardins et les parcs, où les eaux des bassins et des ruisseaux leur permettaient de déployer l'élégance de leurs formes et la grâce de leurs mouvements.

J'en conviens donc et je dis avec Buffon : « Le » cygne plaît à tous les yeux, il décore, embellit » tous les lieux qu'il fréquente, on l'aime, on l'ap- » plaudit, on l'admire, nulle espèce ne le mérite » mieux, la nature n'a répandu sur aucune autant » de ces grâces nobles et douces qui nous rappel- » lent l'idée de ses plus charmants ouvrages. » Mais qu'on s'élève jusqu'au Parnasse pour célébrer les douceurs et la mélodie de son chant, c'est trop ; la licence poétique a aussi ses limites. Cependant comme je veux toujours être vrai, je dois dire que jamais je n'ai eu la douleur d'assister aux derniers moments *de ce chantre divin*.

Le cygne ne manque pas d'intelligence, il distingue bien le nom qu'on lui a donné et vient à la voix qui l'appelle. Il a des qualités ; cependant il n'est pas aussi doux qu'il en a l'air, et malgré sa robe éclatante d'innocence et de candeur, je m'en défie ; j'ai d'ailleurs un vilain tour à lui reprocher.

Il y a trois ou quatre ans j'accompagnais dans ses courses un de mes amis qui passait à Angers pour la première fois ; il me pria de le conduire à notre jardin botanique. Dès notre arrivée, j'aperçus un groupe d'amateurs en contemplation devant deux cygnes de grande taille et vraiment magnifiques. La curiosité nous poussa de ce côté, et bientôt j'éprouvai le désir de donner à ces nouveaux hôtes un gage de mon amitié; je leur offris un biscuit que je venais de me procurer. L'un des deux ne se fit pas prier; je devais compter sur sa reconnaissance. Quelle était mon erreur! il avait à peine avalé mon offrande qu'il m'appliqua sur la main un vigoureux coup de bec, et je vis bien qu'il avait agi traîtreusement; outré comme je devais l'être d'un tel acte d'ingratitude, je voulus le châtier, mais il prévit mon intention et s'esquiva; puis se retournant, allongeant le col et mettant le comble à sa noirceur, il me nargua, en me jetant un cri plein d'ironie, et joyeux, sans doute, de m'avoir si cruellement mystifié, il s'éloigna en affectant cet air dédaigneux et de majestueuse fierté qu'on lui connaît.

Assurément je ne suis pas rancunier, j'ai facilement excusé plus d'une injure, mais cette fois j'ai senti que le pardon serait de la faiblesse, et si d'aventure je puis l'admirer encore quand je le rencontre, mon admiration ne va pas jusqu'à triompher du sentiment d'amertume que sa conduite m'a inspiré, conduite sans excuse et doublement coupable. Je le dis avec peine, je n'aime plus cet oiseau, c'est un sournois.

L'OIE.

Après le cygne, je voudrais parler de l'oie, mais qu'en dire après ce qu'en a dit Buffon ? Dans la description de cet oiseau il n'a rien oublié : mœurs, habitudes, physionomie, caractère, anecdote piquante, services rendus, et qui doivent en faire l'objet de nos soins et de notre reconnaissance ; enfin sa démarche, et certaines de ses attitudes d'où est venu le proverbe : *niais et sot comme une oie*, tout a été passé en revue ; le sujet est épuisé.

Refaire ce qui a été si bien fait serait une maladroite tentative. L'on m'excusera donc si je me tais et si j'invite à lire et même à relire le charmant article que ce grand peintre lui a consacré.

On y trouvera ce que je ne puis offrir, un tableau parfait, et ceux qui le connaissent déjà et ceux qui, ne le connaissant pas encore, voudront le voir, me sauront gré, j'en suis sûr, de ma résolution et de mes conseils.

L'HIRONDELLE DE CHEMINÉE.

J'ai vu l'hirondelle! l'hirondelle est arrivée! je l'ai entendue!... D'où viennent ces exclamations d'agréable surprise, répétées chaque année à l'apparition de l'hirondelle? Cet oiseau charme-t-il nos yeux et nos oreilles par la beauté de son plumage et la mélodie de son chant? ou faut-il attribuer l'intérêt qu'il nous inspire à certaines singularités de mœurs et d'habitudes? je ne puis le croire, et quiconque voudra l'observer avec soin, sera, je pense, de mon avis; il faut chercher ailleurs les raisons qui nous la rendent chère.

Ses formes sont grêles, anguleuses et presque disparates ; le bleu sombre de ses ailes et de son dos, le jaune roussâtre couleur de suie de sa gorge et de sa poitrine forment un contraste peu flatteur. Faite pour vivre en l'air, son agilité est extrême, mais dépourvue de grâce. Dans ses brusques et rapides allées et venues sur le bord des fossés, le long des rues et des chemins, elle passe, repasse cent et cent fois sur la même ligne. Son vol presque toujours en zig zag est coupé, haché, et devient fatiguant par sa constante irrégularité. Buffon, qu'on ne se lasse jamais de citer, analyse ce vol avec le bonheur d'expression qu'on lui connaît : « Elle semble, dit-il, » décrire au milieu des airs un dédale mobile et fu- » gitif, dont les routes se croisent, s'entrelacent, se » fuient, se rapprochent, se heurtent, se roulent, » montent, descendent, se perdent, et reparaissent » pour se croiser, se rebrouiller encore en mille » manières, et dont le plan trop compliqué pour être » représenté aux yeux par l'art du dessin, peut à » peine être indiqué à l'imagination par le pinceau » de la parole. »

Son gazouillement ne mérite point le nom de chant, on le comparerait plus volontiers à la monotonie d'un fastidieux bavardage, et s'il est convenu de s'extasier sur la merveilleuse adresse qu'elle déploie dans la construction ou plutôt l'édification de son nid, sous ce rapport on peut affirmer qu'elle a bien des rivaux ; le pinson, le chardonneret, le loriot, les rousseroles, sont à coup sûr des architectes aussi ingénieux qu'elle. Non ! l'hirondelle n'a vraiment aucune de ces qualités distinctives qui l'élève à un rang distingué parmi les êtres de la gent volatile.

Cependant nous aimons tous l'hirondelle, jeunes gens et vieillards en parlent avec une sorte d'attendrissement, tous nous attendons impatiemment son retour, et nous la voyons partir avec regret. Durant son séjour parmi nous elle ne distingue point le palais de la chaumière, toute habitation de l'homme devient sa demeure.

L'hirondelle c'est le printemps, la saison des fleurs et des amours, l'espérance, le doux souvenir, l'indépendance et la liberté. C'est l'oiseau du prisonnier, l'oiseau du sentiment, nous la regardons avec les yeux de l'esprit et du cœur. Voilà, je le crois, l'explication du prestige qu'elle exerce sur nous.

Au déclin des beaux jours, quand elles vont partir, nous aimons à contempler les nombreuses volées de jeunes hirondelles, préludant, par des exercices plusieurs fois répétés dans la même journée, à la fatigue du long voyage qu'elles vont entreprendre.

Attentives au signal donné par leurs parents, toutes s'éloignent et reviennent à la fois; puis elles se reposent comme une décoration autour des corniches, sur le faîte des maisons et de nos plus grands édifices.

Peut-être par un calcul instinctif de voyageur, peut-être aussi pour quitter avec moins de regret les lieux qui les ont vu naître, fixent-elles leur départ à une heure de la nuit; toujours est-il qu'on les voit rarement disparaître pendant le jour pour ne plus revenir.

L'hirondelle de cheminée arrive plus tôt et nous quitte plus vite que les autres oiseaux de son espèce. C'est ordinairement vers la fin de septembre qu'elle commence à s'éloigner de nos climats, et vers la mi-octobre on ne la rencontre plus, elle nous a fait son dernier adieu.

Ce que j'ai dit des formes et des habitudes de l'hirondelle de cheminée, je ne le dirais pas des autres hirondelles, surtout de celle dite au croupion blanc ou hirondelle de fenêtre; cet oiseau est joli, gracieux et doué d'intelligence, et je ne dois pas oublier de citer un fait qui, s'il est vrai, devra plaire aux nombreux amis de cet oiseau sympathique.

« Au moment du départ, au mois d'octobre 1854, » les hirondelles (rapporte une narration que je

» crois fidèle) rassemblées en grand nombre au
» Bourg-Neuf, semblaient dans leur actif gazouil-
» lement se livrer à un important débat.

» Une hirondelle avait été blessée, son aile brisée
» ne pouvait plus la porter aux lointains rivages ; en
» vain ses compagnes désolées venaient effleurer de
·» leur vol rapide le nid où la malade s'était réfugiée,
» et poussaient de petits cris aigus pour stimuler sa
» paresse ; vains efforts, appels superflus ! la pauvre
» blessée ne put quitter son nid. Enfin il fallut partir
» et abandonner la malheureuse estropiée ; mais elle
» ne fut pas complétement délaissée, une amie s'est
» dévouée pour secourir sa misère, du matin au
» soir elle apporte sa nourriture à la récluse ; ce-
» pendant l'hiver est bien froid, bientôt la neige
» couvre la terre, et la pauvre sœur de charité serait
» victime de son dévouement si un voisin charitable
» ne répandait, à proximité du nid, le grain né-
» cessaire à la subsistance des deux intéressants
» oiseaux. »

Ce trait d'admirable dévouement n'est-il donc que
le résultat de l'instinct ou tout au plus d'une intelligence aveugle et qui s'ignore ? Si cela est, pourquoi
admirer cet oiseau, signaler son action comme une
œuvre rare de bienfaisance. Non ! ce qui est certainement un acte de sentiment n'est pas l'œuvre du

pur instinct, ou notre langue est imparfaite et n'a pas encore trouvé le mot pour exprimer la noble impulsion qui a fait agir cette nouvelle sœur de charité.

LA GRIVE.

——

Quand les mois les plus froids de l'année sont passés, la grive ne tarde pas à paraître ; d'abord elle reste silencieuse, mais sitôt que le soleil, dans sa course plus longue, commence à réchauffer la terre, alors elle se fait entendre. La nature agitée lui plaît, elle annonce les jours de tourmente et d'orage, si fréquents à cette époque de transition. Du sommet des plus grands arbres, où elle reste perchée, elle siffle pendant des heures, et jette au vent des tempêtes, qui les porte au loin, les *accents prophétiques* de sa voix éclatante.

Je n'ajouterai que peu de mots à ce que je viens de dire des mœurs et des habitudes de la grive. On sait avec quel art elle bâtit son nid ; sous ce rapport elle égale presque l'hirondelle, et personne n'ignore qu'elle se plaît dans les bois et les vignes, qu'elle se nourrit d'insectes et de fruits, et très probablement son goût prononcé pour le raisin a donné naissance au proverbe français : *soûl comme une grive*. J'ai ouï dire qu'elle était l'oiseau chéri des Anglais, je le croirais : le merle, le sansonnet et la grive, sont des siffleurs, et doivent plaire au même titre. — Après la grive arrivent successivement les oiseaux chanteurs par excellence, la fauvette et le rossignol.

le taux auquel nous l'avions fixé dans nos prévisions et nos calculs plus ou moins personnels et intéressés, nous commençons à murmurer. Parvient-il à 5 fr. par exemple : oh! alors des murmures, nous passons aux menaces. — Que le blé coûte 3 fr. 50, 4 francs même, à la bonne heure; mais 5 fr., c'est trop cher! Voilà ce qu'on dit encore aujourd'hui; cependant en parlant ainsi dit-on juste et vrai? Voyons : ce point mérite examen.

A défaut de documents officiels, supposons, ce qui doit sans doute paraître fort probable, que la production a marché de pair avec l'accroissement de la population : cette production aurait alors augmenté du quart au tiers environ depuis la fin du dernier siècle. D'un autre côté, supposons, ce qui semble encore très-admissible, que les métaux précieux dont nous faisons usage, et qui nous servent de terme de comparaison dans nos échanges, ont plus que doublé depuis cette époque; enfin, admettons que nous nous sommes une bonne fois placé dans la tête, cette vérité économique, que l'or et l'argent sont des marchandises comme toutes les autres choses, susceptibles de trafic, dont le cours varie par conséquent, augmente ou baisse, en raison de leur rareté ou de leur abondance; et demandons-nous alors ce qu'il arrivera, si nous voulons échanger ces mar-

3*

chandises contre une autre, le blé, par exemple. Il arrivera ! mais cela saute aux yeux (les choses bien entendu étant abandonnées à leur cours naturel), qu'il faudra donner une quantité double de métal, or ou argent, pour se procurer la même quantité de blé qu'on obtenait autrefois avec 3 francs 50 ou 4 francs, puisque la production de cette marchandise est restée dans une proportion à peu près la même de ce qu'elle était autrefois relativement à la population qui la recherche, ainsi que nous l'avons admis.

Ce n'est pas le prix du blé, qu'on le remarque bien, qui a augmenté, c'est la valeur de la marchandise or ou argent qui a baissé. Est-ce que le taux des salaires ne s'est pas élevé comparativement et en proportion de cet abaissement ? Pourquoi donc le cultivateur ne trouverait-il pas comme l'industriel et l'ouvrier à équilibrer ses dépenses, dans un prix rémunérateur en rapport avec la diminution de la valeur de l'argent. On ne comprendrait pas cette injustice. Le temps n'est plus où la société se divisant en deux parties, l'une était la sujette de l'autre, son esclave taillable à merci, et cependant n'est-ce pas la consécration de cette iniquité qu'on réclame, quand on jette les hauts cris sitôt que le blé dépasse la limite qu'il nous a plu de lui imposer. Qu'on y pense donc sérieusement, et l'on verra que nous n'exagérons rien.

Cependant si nous avons eu le bonheur de démontrer l'absurdité de prétentions peut-être irréfléchies, nous n'en sommes pas moins fort désireux de rendre accessibles à tous la viande et le pain, bases principales de l'alimentation, mais à la condition qu'elles ne seront pas une cause de ruine pour leurs producteurs. Nous l'avons dit, nous parlons ici au nom de tous les intérêts : pour que l'agriculture se développe et nous donne largement les produits nécessaires à la satisfaction de nos besoins, il faut qu'elle fasse bien ses affaires. On le voit donc, quand le prix du blé atteindra le chiffre de 5 fr. le double-décalitre, si ces plaintes et ces alarmes se renouvellent, il nous sera bien permis de les attribuer, soit à la malveillance, soit à une impardonnable ignorance des faits.

Dans l'arrondissement d'Angers les animaux domestiques des diverses espèces offrent également une grande variété : les porcs cependant appartiennent généralement à la race craonnaise, et l'on trouve sur quelques exploitations des métis provenus de cette race croisée avec des reproducteurs anglais. La race bovine ne brille pas par sa pureté ; les bœufs et les vaches sont encore souvent le produit d'un mélange beaucoup trop prolongé des deux races spécialement élevées dans le département, la cholétaise et la mancelle. Ce sont, tranchons le mot, les misérables représentants d'un déplorable amalgame. Il faut espérer toutefois que les avis et les exemples nombreux des propriétaires, parviendront à vaincre cette funeste habitude, et à faire disparaître de nos marchés des animaux dont les tristes caractères accusent un défaut de connaissances et une négligence impardonnable chez les cultivateurs. Cet espoir ne tardera pas à se réaliser, car c'est peut-être dans cet arrondissement qu'on trouve le plus grand nombre de propriétaires éclairés dirigeant eux-mêmes les travaux de la culture de leurs domaines.

Le morcellement du sol, sur quelques points encore peu nombreux, il est vrai, s'étend peut-être au-delà des justes limites. Cependant c'est la moyenne culture qui l'emporte, les propriétés d'une contenance importante y sont assez nombreuses, et parmi les propriétaires qui ont commencé et qui continuent à donner l'impulsion, nous trouvons MM. Boutton-Lévêque père qui a créé sur sa propriété de Belle-Poule, située dans le val de la Loire, une nombreuse et belle vacherie composée d'animaux de la race courtes-cornes du comté de Durham, qu'il est allé chercher lui-même en Angleterre. M. Boutton s'était depuis longtemps déjà adonné à l'élevage des chevaux de pur sang ; ses deux fils, l'aîné à sa propriété de Linière, le plus jeune dans la commune du Plessis-Grammoire, où il élève des chevaux destinés à courir: quelques-uns de ses élèves ont déjà figuré avec avantage sur divers hippodromes ; M. de Jousselin qui, sur sa propriété située près St Georges, a su créer dans un sol ingrat et difficile, une exploitation vraiment digne de l'attention des connaisseurs ; nous y avons remarqué des constructions nouvelles et d'importantes améliorations de diverse nature dirigées et exécutées avec une rare intelligence, avec cet esprit d'ordre et d'économie qui caractérisent l'agriculteur sérieux et habile praticien ; M. Auguste de Mieulle dont la propriété de la Thibaudière, à quelques kilomètres d'Angers, est située dans une position exceptionnelle.

Homme de goût, M. de Mieulle a su tirer admirablement parti des éléments divers et complets réunis sous sa main ; points de vue, perspectives habilement ménagés, eaux limpides et coulant à pleins bords à travers de vastes tapis de verdure ombragés et découpés par d'épais massifs composés de beaux et grands arbres de diverses essences ; rien ne manque, tout est là pour former un site des plus variés et l'une des plus charmantes habitations de nos contrées.

Mais ce n'est pas tout, il faut joindre à ce gracieux

ensemble, pour le compléter, des constructions rurales, dont l'élégante simplicité flatte l'œil sans nuire
toutefois à une parfaite distribution des divers com-
partiments destinés à l'habitation d'admirables bestiaux. Nous pouvons donc sans exagération affirmer
que sur cette terre, le problème de l'*utile dulci* a été
complétement résolu.

Enfin M. H^te Jubin qui après avoir noblement conquis
le grade d'officier supérieur de la marine au service de
son pays, a voulu le servir encore en donnant l'exemple des bonnes méthodes, en élevant des bâtiments
ruraux remarquables par leurs dispositions et une
appropriation fort bien entendue.

L'exemple donné par ces Messieurs et d'autres
n'est pas resté stérile : l'un d'eux a eu le rare bonheur
d'être imité par ses voisins ; plusieurs fermiers ont
pris l'habitude de pratiquer leurs labours en planches
depuis qu'ils ont vu sur des terres ainsi labourées
de belles récoltes de toute nature. Cette pratique
gagne et se répand dans les communes voisines de Trelazé, où est située la Cantinière, nom de l'habitation
et du domaine cultivé sous la direction de son propriétaire, M. H^te Jubin.

Là où la propriété est très-divisée, lorsque le sol
est facile et profond, les cultivateurs retournent leur
terre à la bêche ; mais dans les exploitations de

moyenne étendue et qu'on rencontre ordinairement, les fermiers ne comprenant point encore qu'il est possible et fort avantageux d'exécuter de bons labours avec un attelage composé de deux bœufs ou de deux chevaux seulement, attèlent souvent plusieurs animaux à la charrue : cependant presque tous se servent d'instruments aratoires bien construits.

Le blé est toujours semé à la main ; les semoirs ne sont point employés ; l'usage de cet instrument, il est vrai, ne peut venir qu'après la suppression des billons, et l'on ne voit pas encore une étendue suffisante de terrain en planches.

La vigne est cultivée avec succès sur une surface de 10,193 hectares environ. Plusieurs crus donnent d'excellents vins, mais presque tous blancs ; les plus renommés sont situés dans les communes de Martigné, Maligné, Faye, Rablay, Rochefort, Savennières où se trouve le clos renommé depuis longtemps de la coulée de Serrant, Saint-Barthélemy, Trelazé, etc. Nous avons indiqué plus haut les différentes variétés de cépages qui composent les crus dont nous venons de parler, nous ne pensons pas qu'il soit nécessaire de les signaler de nouveau.

Au nombre des causes qui contribuent au développement de l'agriculture, à l'élévation de la rente du sol, dans cet arrondissement, il faut certainement placer en première ligne l'accroissement de la popu-- lation de la ville d'Angers, qui depuis 1830 jusqu'en 1855, a presque doublé, ainsi que cela résulte de la comparaison des statistiques. Mais depuis cette époque, le progrès s'est arrêté, la population reste presque stationnaire; diverses causes contribuent à ce temps d'arrêt.

Les travaux immenses et incessants exécutés dans la capitale, les plaisirs variés et séducteurs qu'offre aux jeunes gens de toutes les conditions le séjour de Paris; les grands travaux réputés d'uti- lité publique ; une armée dont l'effectif depuis dix ans s'élève et se maintient au chiffre de 500 mille hommes, telles sont, nous ne pouvons en douter, les principales sources où nous devons chercher l'expli- cation d'un fait déplorable, car il démontre qu'il exis- te au sein de notre société, des éléments de nature à jeter la perturbation dans le développement de la prospérité publique. Ne désirons pas cependant un accroissement trop rapide, hors de proportion avec les moyens d'alimentation : l'histoire nous apprend en effet qu'un excès de population a souvent été la cause de la ruine des Etats.

La position de la ville d'Angers mérite qu'on s'y arrête un moment. Quatre rivières navigables cou- lent à peu de distance de ses murs, et la Maine qui la traverse est comme le lien qui réunit les eaux de la Loire à celles de la Sarthe, du Loir et de la Mayenne. Ainsi la nature seule s'est chargée du soin de rapprocher et de faire passer à travers notre ville, ces chemins qui marchent, selon la pittoresque et juste expression de Pascal : l'art n'y a contribué en rien. A ces avantages naturels, il faut en ajouter d'autres. Angers est le siége d'une Cour impériale, possède une école d'arts et métiers renommée, un évêché, une vaste bibliothèque, un riche musée de tableaux, de sculpture et d'histoire naturelle, un jardin botanique et un jardin fruitier, un lycée, une école secondaire de médecine, d'où sont sortis des médecins habiles et d'illustres professeurs, de vastes et beaux édifices destinés à recevoir les indigents que des infirmités incurables ou la vieillesse mettent dans l'impossibilité de vivre de leur travail. Deux lignes de fer, partant de Paris, l'une passant par Chartres et le Mans, l'autre par Orléans et Tours, et qui toutes deux se dirigent sur Nantes et Saint-Nazaire, passent à Angers, et bientôt sans doute de nouvelles lignes venant s'embrancher sur les deux principales artères mettront Angers en rapport avec d'autres points importants. Le sol qui l'environne se couvre de plus en plus de pépinières et de cultures maraîchères : plusieurs établissements dont la plupart mettent en œu-

vre une des principales productions du pays, le chanvre, ont pris une extension considérable. Le voisinage
d'importantes carrières d'ardoises, les plus belles
connues, des quartiers nouveaux décorés chaque année de nombreux et beaux hôtels, une population
dont le chiffre a doublé dans l'espace de vingt-cinq
années, et qui probablement eût continué de s'ac-
croître dans la même proportion si des causes pertur-
batrices ne s'y étaient opposées ; tels sont les éléments
divers et les indices certains d'une prospérité ascen-
dante, réunis dans notre ville principale. Ainsi l'on
peut affirmer, sans trop présumer de l'avenir, qu'Angers sous la main d'une administration éclairée et
dégagée des entraves d'une centralisation écrasante,
est certainement appelé à devenir une cité de premier ordre : elle présente déjà un vaste débouché aux
produits agricoles de notre département.

Maintenant que nous avons passé en revue les diverses productions du sol et les méthodes de culture,
nous allons examiner les moyens employés comme
encouragements à l'agriculture, et dont la plupart
se trouvent également réunis dans la ville d'Angers.

HARAS OU DÉPÔT D'ÉTALONS. — COURSES. — PRIMES. — COMICES. — FERMES-ÉCOLES, ETC.

Nous avons à Angers un haras dont l'origine paraît remonter à quelques années avant 1789. De St-Serge, où il commença par un petit nombre d'étalons, il fut transféré aux Incurables puis à l'Académie. Enfin les constructions du haras actuel ayant été terminées en 1803, de cette époque date son installation définitive.

Le haras possède actuellement 59 étalons employés pour la monte. Le département de Maine et Loire en conserve trente-cinq; celui de la Mayenne en reçoit treize, et le département de la Sarthe onze. La plupart de ces étalons sont de pur sang anglais, quelques-uns de race bretonne et percheronne. Nous ne jugeons pas nécessaire d'indiquer la répartition des stations (1).

Nous avons appris avec peine que l'administration du haras avait fait vendre les étalons de ces deux races indigènes, nous ignorons les motifs qui l'ont engagée à prendre cette décision, nous ne pouvons

____

(1) Depuis peu des changements relatifs au nombre et à la race des étalons ont eu lieu. Nous ne les connaissons pas.

croire qu'elle redoute et veuille arrêter la propagation de ces deux excellentes races dans notre département : peut-être a-t-elle l'intention de se procurer
des chevaux de premier choix, nous l'en féliciterions :
quoi qu'il en soit nous rappellerons ici les paroles
remarquables de M. de Lavergne, lorsqu'il vient à
parler de la race Percheronne dans son ouvrage sur
l'économie rurale de la France. « Le petit pays du
» Perche, dit-il, a donné naissance à une race consi-
» dérée comme *la meilleure du monde* pour le servi-
» ce des voitures qui exigent à la fois de la force et
» de la vitesse. Au dernier concours régional d'Alen-
» çon, on avait réuni la plus belle collection de ju-
» ments et d'étalons qui fût peut-être possible en
» Europe, au nombre de près de 400.»

Plusieurs comices sont établis et fonctionnent dans
le département. Le nombre de ces associations, en y
comprenant celle d'Angers réunie à la Société indus-
trielle, est de dix-sept, et elles sont ainsi réparties :
1° Angers, 2° Saint-Georges-sur-Loire, 3° Thouarcé,
4° le Louroux, 5° Seiches, 6° Chemillé, 7° Cholet,
8° Saint-Laurent-du-Mottay, 9° Montrevault, 10° Saumur, 11° Candé, 12° Châteauneuf sur Sarthe, 13° Le
Lion d'Angers, 14° Pouancé, 15° Segré, 16° Longué,
17° Durtal.

Des primes sont distribuées aux éleveurs de che-

LE MARTIN PÊCHEUR.

—

Lorsque l'hiver céde la place aux beaux jours, les bruyants habitants des humides contrées émigrent vers le Nord ; une température basse convient à leur constitution, ils aiment le froid.

On ne voit plus alors sur le bord de nos rivières que quelques retardataires, devenus par habitude les amis et les compagnons de la poule d'eau.

Si, vers cette époque de l'année, comme cela m'est souvent arrivé, vous vous arrêtez à contempler en silence un joli paysage réfléchi par le cristal d'une eau calme et transparente, vous ne serez pas long-temps sans entendre comme le bruit d'une petite pierre lancée sur les bords du rivage ; regardez et vous verrez sortir de l'eau l'oiseau de nos climats le plus brillamment coloré, le joli martin pêcheur; il emporte dans son long bec le poisson qu'il a pris en plongeant, et célèbre sa victoire par un cri prolongé et perçant.

En le regardant de près on serait tenté de croire qu'un peintre a promené son pinceau, chargé d'une épaisse couche d'un beau vert bleu, sur toute la partie supérieure de son corps. « Il semble, dit » Buffon, que le martin pêcheur se soit échappé de » ces climats où le soleil verse avec les flots d'une » lumière plus pure tous les trésors des plus riches » couleurs. »

Souvent on le voit s'élever à quelques mètres au-dessus de l'eau, où il se tient pendant plusieurs se-condes en agitant rapidement ses ailes à la manière des oiseaux de proie et se laisse tomber comme un plomb pour saisir le poisson, qu'il va dévorer sur une pierre, l'extrémité d'une branche ou d'un ro-seau ; puis il se met de nouveau en observation, plonge et replonge au même endroit sans succès, mais son courage et sa patience sont à toute épreuve : il ne se rebute jamais.

Son grand œil noir et plein de feu, placé au milieu d'une petite tache acajou, semble augmenter l'éclat et la vivacité des couleurs de son plumage, plus brillant sur sa tête et sur les deux moustaches situées de chaque côté du bec que sur les autres parties de son corps.

Ses pattes grêles et très courtes sont irrégulièrement construites; la nature les a ainsi disposées afin de donner à l'oiseau plus de facilités pour saisir sa proie.

Plusieurs fois j'en ai vu trois ou quatre se poursuivre, à la file les uns des autres; le battement de leurs ailes était si vif, leur vol si rapide et si bien filé, qu'il me semblait voir, en les regardant, un long ruban bleu se dérouler sur la surface de l'eau.

On le rencontre sur le bord des ruisseaux, dont il suit le cours. Il est alerte, toujours sur ses gardes et s'enfuit au moindre bruit et sitôt qu'il vous aperçoit.

Son caractère sauvage ne permet pas de croire qu'on puisse jamais le posséder longtemps dans nos volières dont il ferait l'ornement.

LE MERLE.

Cet oiseau est solitaire et sauvage, et en dépit du proverbe : *fin comme un merle*, Buffon a raison de dire qu'il est plus peureux que rusé, plus inquiet que défiant, j'ajoute qu'il est très curieux et souvent puni de sa curiosité.

Qu'il me soit permis d'insérer dans ce recueil une histoire de merle qui date de mes premiers ans.

J'étais le plus jeune d'une nombreuse famille, et tous nous étions encore enfants lorsque notre père, homme grave et cependant doué d'une extrême sensibilité, voulut élever pour notre amusement, et peut-être aussi pour son propre plaisir, un de ces oiseaux imitateurs, dont le gosier flexible reproduit fidèlement les petits airs qu'on leur a sifflés. Or donc ce jeune oiseau devint un merle du plus beau noir, et je me souviens que son bec entièrement jaune et ses yeux entourés d'un léger filet de même couleur, lui donnaient une physionomie singulière qui m'intriguait.

Tous les matins et tous les soirs nous nous réunissions autour de sa cage pour entendre notre père qui lui servait d'instituteur.

On se ferait difficilement une idée de notre étonnement et de notre joie lorsqu'un jour nous entendîmes l'oiseau siffler à demi, mais avec une exactitude parfaite, l'air qu'on voulait lui apprendre. Les noms les plus tendres lui furent prodigués; il devint l'objet de nos soins les plus affectueux. Biscuits, grenailles de toute sorte, fruits nouveaux, fleurs nouvelles suspendues aux barreaux, rien de ce qui pouvait embellir et rendre confortable l'habitation de notre aimable prisonnier ne fut épargné. Mon père nous encourageait de son exemple, et nous n'étions pas sans nous apercevoir qu'il partageait notre amour. Tant d'attentions furent couronnées d'un plein succès; notre merle ne tarda pas à devenir un siffleur de premier ordre. Aussi recueillis et silencieux nous passions des demi-heures à l'écouter, et qui eût entendu nos cris d'admiration quand il cessait, nous eût pris pour de petits acteurs, adressant leurs félicitations enthousiastes à quelques-uns de leurs camarades ; nous étions fiers et heureux de le posséder et bien loin de penser que l'impitoyable mort devait bientôt nous le ravir.

Vers la fin d'un beau jour d'été, nous allions rendre visite au chanteur bien-aimé, dont la santé, depuis quelques jours, nous alarmait ; l'un de nous surpris de ne pas entendre comme de coutume le sifflement dont il saluait notre approche, manifesta son étonnement par un mot qui nous fit trembler ; nous hâtâmes le pas et nous arrivâmes le cœur serré auprès de la cage. Mon père l'enleva de l'arbre où il l'avait suspendue le matin, la posa à nos pieds ; des larmes roulèrent dans ses yeux, et silencieux il s'éloigna, ne voulant pas par sa tristesse augmenter notre chagrin et nos justes regrets.

Nous contemplions en pleurant le corps inanimé de notre cher oiseau. Quel malheur ! nous ne l'entendrons plus chanter ; pauvre petit ! comme il était joyeux quand nous venions le voir !... puis tout à coup, comme si nous nous fussions reprochés de vains discours et qu'un sentiment plus élevé se fît jour au fond de nos cœurs, il nous sembla que nous avions un dernier devoir à rendre à l'amitié. Les enfants sont imitateurs en toutes choses !

Nous imaginâmes donc de lui faire un linceul de

mousse et de fleurs, un cerceuil de la boîte où étaient renfermés les hannetons que nous aimions à lui donner et dont il se faisait un jeu, et d'élever à sa mémoire un mausolée, composé d'une touffe d'herbe flétrie surmontée d'une petite croix.

De retour au salon, nous y trouvâmes notre père dans l'attitude de la tristesse. D'où venez-vous? dit-il, je ne suis pas toujours resté ici, je vous ai vus. Pourquoi, je vous le demande, cette inconvenante singerie de nos... et n'achevant pas, au reste, s'empressa-t-il d'ajouter, puisque vous pleurez l'aimable oiseau qui vous amusait, vous serez sensibles et reconnaissants, je le vois! Pendant qu'il nous adressait cette paternelle réprimande, la sympathique influence de notre affliction le gagna, et dans la crainte de nous rendre témoins de ce qui, sans doute, lui paraissait une faiblesse, il se leva, mais il ne put sortir à temps, son émotion le trahit.

Quelle longue suite d'années me sépare de cette journée de douleur enfantine, que d'événements graves et terribles ont passés devant moi, et dont la mémoire commence à s'effacer! Cependant le souvenir de cet oiseau conserve toute sa vivacité. Pourquoi cela?

Parce que ce qui touche le cœur laisse dans l'esprit des traces ineffaçables.

LE SANSONNET.

Parmi les oiseaux susceptibles d'éducation, le sansonnet ou l'étourneau, se rapproche plus que tout autre du merle, par son plumage et sa physionomie.

Son organisation gutturale lui permet de recevoir un enseignement varié, il apprend facilement à parler et à siffler; le merle siffle fort bien, mais la nature semble lui avoir refusé la parole.

Je viens de dire que le sansonnet se rapprochait du merle par le plumage et la physionomie, cela n'est vrai que sous un aspect général, car si on les observe et qu'on les compare, on trouve entre eux des différences tranchées. Le plumage d'un merle mâle est d'un beau noir velouté, celui du sansonnet est d'un brun verdâtre chatoyant, mêlé de gris et comme glacé, et parsemé de petits points blancs, surtout sous la gorge. Considéré dans son ensemble, on peut donc dire, sans être taxé de partialité, que cet oiseau est aimable et fort joli.

Ces qualités réunies ont mérité au sansonnet le triste avantage d'être un objet de convoitise, un sujet d'amusement, pour tous les âges et pour toutes les conditions. Le sansonnet en esclavage se voit partout, on le rencontre à tous les degrés de l'échelle sociale, depuis l'échoppe jusqu'au palais inclusivement. Cependant il n'est pas le privilégié de l'aristocratie, c'est plutôt l'oiseau du peuple ; un sentiment intime, une secrète loi d'attraction, fondée peut-être sur la similitude de certains instincts, le rendent plus sympathique à la démocratie. Il aime la société, devient familier, mais il n'accorde jamais une confiance absolue à la flatterie et aux caresses. Il ne se laisse jamais prendre que très difficilement, même par la main qui l'a nourri.

Il est très commun ; on peut dire qu'il abonde dans presque tous les pays. Châteaubriant parle de millions de sansonnets réunis en bataillons, et ressemblant à des nuages qui volaient au-dessus de sa tête, lorsqu'il visitait les ruines de Carthage.

Pendant longtemps j'ai été à même d'en observer un qui avait été élevé sous mes yeux. Son enfance n'offrit rien de remarquable, mais lorsque ses premières plumes commencèrent à tomber et qu'il revêtit les couleurs de l'âge adulte, il se montra plus sensible à la voix des personnes qui se chargèrent de son éducation. En très peu de leçons il apprit à prononcer distinctement son nom d'abord, puis quelques autres mots, et enfin une phrase entière. Je remarquai toutefois, que sa voix, quand il parlait, n'était jamais bien claire, il nasillait. Souvent je l'ai vu frapper les barreaux et le plancher de sa cage avec les deux parties de son bec qu'il tenait ouvertes comme les branches d'un compas. C'est probablement en agissant de la sorte, qu'il écarte la terre pour y chercher et prendre les petits vers dont il se nourrit. Il se baigne avec passion, et je me suis demandé plusieurs fois si un instinct de propreté, assurément très louable, ou si le besoin impérieux de calmer l'effervescence du sang, le poussait vers l'eau ; je ne puis le dire, toujours est-il qu'il s'y plonge avec intrépidité, même dans les temps les plus froids, et sitôt qu'il en est sorti, il prend soin de son plumage. A l'aide de son bec et de ses pattes, il lisse, redresse et met en place chaque plume, et fait tout cela avec une vivacité, une grâce et une adresse qui nous enchantent.

Les sansonnets s'accouplent dans les premiers

jours de février; ils choisissent de préférence le creux des noyers et des vieux châtaigniers pour y faire leurs nids. La femelle pond de 4 à 5 œufs; et les petits sont assez forts vers la fin d'avril, pour prendre leur essor.

Au commencement de l'automne, ils se réunissent et vont en troupes chercher leur nourriture, principalement dans les prairies à la suite des bestiaux, dont le piétinement fait sortir du sol les vers, et dont la présence attire des insectes. Il n'est pas rare alors d'en voir perchés sur le dos des bœufs et des vaches, qu'ils frappent à coups de bec afin d'en arracher les larves du taon, qui éclosent sous la peau de ces animaux.

A la chute du jour, ils se rassemblent sur les arbres, d'où ils ne tardent pas à partir pour se rendre dans les roseaux des marais où ils passent la nuit. Et là, réunis en bandes innombrables, on dirait qu'ils ne veulent goûter les douceurs du sommeil qu'après s'être raconté les aventures de la journée, dans un long et bruyant babillage, dont le bruit se répand au loin.

LE MOINEAU FRANC.

—

Je ne crains pas d'affirmer que le moineau franc, ne peut être considéré avec indifférence; pour moi, je le prends au sérieux, et sans rire, j'ajoute que le *genre moineau* devrait être l'objet de nos plus graves méditations.

Cet oiseau n'a point abdiqué, il est resté notre seigneur suzerain, en tous lieux l'homme est son tributaire, il envahit son toit, il détériore et dégrade son habitation, et les petites avaries mille fois répétées, dont il est cause, équivalent à un désastre.

Les quantités de blé et de graines de toute sorte que cette race dévore chaque année, est incalculable, et lorsque je réfléchis à la déplorable fécondité dont elle est douée, il me semble que mon espèce est menacée; oui, si le moineau n'avait des ennemis cachés, et qui en font, j'imagine, une ample destruction, il nous prendrait par la famine, il aurait raison de nous.

On le voit partout, et sur tout, à la ville et à la campagne. Allez où vous voudrez, portez vos regards n'importe où, et si vous n'apercevez pas un moineau, ma foi, vous aurez bien du bonheur.

Il est insolent, querelleur, hardi, audacieux, robuste et ne manque point de courage. Fait-on quelque distribution de grain aux oiseaux d'une basse-cour, aussitôt il descend des toits pour en prendre sa part, et se mêle, sans craindre un juste châtiment, aux poules, aux dindons, aux canards, dont il vient dérober la pitance.

Le cultivateur pénètre-t-il dans un champ pour l'ensemencer? le moineau est derrière lui, sur ses pas. Rentre-t-il sa récolte? le moineau pénètre aussitôt dans le grenier par le moindre trou. Placez-vous à une fenêtre la cage d'un oiseau chéri, aussitôt il arrive, emporte le biscuit ou la branche de millet suspendue aux barreaux, et ce que Buffon dit, je l'ai vu. *Il livre des combats à l'entrée des volières et des colombiers, et crève à coups de bec, la poche des jeunes pigeons pour en extraire le grain.*

Il n'y a pas de réduits qui ne lui servent de retraite, pas d'endroits où il ne construise son nid,
pas d'objets qu'il ne dérobe pour cette construction;
plumes, fil, foin, crins, cheveux, vieux chiffons...,
il met tout à contribution.

Dès la pointe du jour il se fait entendre, et jusqu'au soir, c'est toujours la même note, toujours le
même cri, *piave*, *piave*, singulièrement monotone
et agaçant.

Enfin, sous quelque rapport qu'on envisage le
moineau franc, on ne saurait lui trouver un bon
côté. Oubliez-vous, dira-t-on, qu'il détruit les larves,
les chenilles, et une multitude de petits insectes; je
répondrai que ses services ne le rachètent point, et
que sa voracité nous fait infiniment plus de tort que
son espèce ne vaut.

Dans les beaux jours de l'automne, vers le mois
d'octobre, ces oiseaux ont coutume de se rassembler,
on voit alors d'épais buissons entièrement couverts
de moineaux. Ils restent là presque silencieux ou
piaillant tous ensemble, tenant leurs plumes redres-
sées et soulevées pour laisser pénétrer plus facilement les rayons du soleil, et comme pour faire provision d'une chaleur qui s'en va.

Lorsque le froid se fait sentir, ils se rapprochent
des habitations dont ils s'éloignent peu, afin de pro-

fiter de toutes les bonnes occasions qui pourront se présenter. Souvent au moment des repas, ils entrent furtivement dans les salles à manger, se glissent sous la table, entre les jambes des convives, pour y chercher de petits morceaux de pain. Mais en dépit de leur prestesse, il arrive quelquefois que la griffe meurtrière d'un vieux chat, leur fait payer chèrement un tel excès d'audace.

Pendant mon séjour en Belgique, j'eus l'occasion de voir un des plus vieux et des plus intrépides collectionneurs de la capitale du Brabant, ce qui n'est pas peu dire; cet homme avait conçu pour les moineaux francs, une de ces haines vigoureuses qui ne s'éteignent qu'avec la vie. Depuis plus de 30 ans, il leur faisait une guerre à outrance; jour et nuit des piéges étaient dressés, sur les arbres, dans les carrés du jardin, les coins de la cour, et jusque sur le bord des fenêtres, et des armes à feu dont il était abondamment pourvu, étaient là toujours prêtes, et comme sa manie de collectionner se portait sur tout, il me fit voir une innombrable collection d'yeux et de pattes de moineaux, puis une vaste salle entièrement tapissée de leurs ailes.

Ce vieillard ne portait point un cœur dur, au contraire, et pourtant il contemplait tous ces débris dignes tout au plus d'un charnier, avec une sorte de

ravissement, tant il paraissait convaincu qu'il exer-
çait ainsi un véritable devoir, une mission presque
divine, comme eût dit le comte de Maistre, et en
conscience je serais tenté de croire qu'il n'avait pas
tort.

Moineau vient de moine, dit-on. Cette explication
pourrait faire croire que le moineau vit en solitaire,
cela n'est pas. — Il se pourrait qu'on aurait remarqué dans les temps de ferveur religieuse, que cet
oiseau avait une préférence pour les couvents de
moines, et qu'en raison de cette habitude, on lui ait
donné le nom sous lequel nous le désignons aujour-
d'hui.

J'ai peu de sympathie pour les moineaux, on vient
de le voir, et pourtant je ne puis me défendre d'un
sentiment d'indulgence en leur faveur, j'éprouve
même le besoin de leur pardonner, toutes les fois
que ma mémoire me rappelle un de ces accidents
bizarres, dont j'ai été la cause occasionnelle et
qu'un fataliste enregistrerait avec bonheur.

Pendant une de mes récréations de collégien, je
m'amusais à lancer en l'air avec une raquette de petites billes de marbre, auxquelles les écoliers de mon
pays ont donné (je ne sais pourquoi) le nom de *ca-
nettes*. Une de ces billes décrivait encore son mouvement ascentionnel, lorsqu'un moineau mâle, poussé

par *le destin*, vint se poser sur une petite pierre plate, formant le sommet d'un pignon; il y était à peine, que la bille en retombant vint le frapper directement sur le crâne; mortellement atteint, le pauvre oiseau roula le long du toit en agitant convulsivement ses ailes, et comme je le reçus dans mes mains où il vint expirer, je vis avec attendrissement que l'instinct de la paternité ne l'abandonna pas un seul instant. Il conserva dans son bec, jusqu'au dernier soupir, tous les moucherons qu'il avait attrapés, et qu'il allait sans doute distribuer à ses petits, quand il reçut le coup mortel.

LE DINDON.

L'Amérique est, dit-on, le pays natal du dindon.
Je veux le croire, et dans le doute je ne conteste-
rais pas, malgré cette assertion d'un aimable auteur
que le dindon est certainement un des plus beaux
cadeaux que le nouveau monde ait faits à l'ancien.

La vue de cet oiseau me chagrine; son allure em-
pâtée m'impatiente, et je ne lui pardonne pas ses
éclats de voix stupides qu'il accompagne souvent
d'un bruit sourd et mal sonnant. En vérité, j'ai toujours été tenté de croire qu'il ne voulait pas déplaire
à demi, et qu'il ne déployait toute son énergie que
pour offrir un modèle accompli de déplaisance.

Voyez quand il fait *la roue*, n'est-ce pas l'image
de la sotte importance? Et quand il précipite sa

marche, la tête en arrière et le ventre en avant, après avoir déployé et rabattu ses ailes dont les dernières plumes grattent la terre, oh ! alors on peut le dire, il s'est élevé au sublime de la suffisance, et ce lambeau de chair flasque et plissée qui tapisse son col, et dont un ignoble bout lui pend au nez, ne vous semble-t-il pas un véritable thermomètre où s'échelonnent à souhait les différents degrés du sentiment qui l'agite ?

En passant par les nuances du rouge cramoisi par le violet pour arriver à la pâleur livide, cet étrange cartilage donne au dindon un aspect de colère et d'orgueilleuse vanité, qui le rend à la fois hideux et ridicule.

J'ai cherché dans les mœurs et les habitudes de cet oiseau un côté qui le rachetât ; je n'en connais qu'un, mais un seulement. Je me hâte de le signaler.

Dans les années où les hannetons pullulent, le dindon est à coup sûr le plus redoutable adversaire qu'on puisse leur opposer. Il les avale par milliers.

Cultivateurs, dont les récoltes sont menacées par ce terrible fléau, ayez recours aux dindons, vous ne pourrez mieux faire.

Dans ce que je viens de dire, je n'ai parlé que de l'animal vivant. En parlerai-je quand il a cessé de vivre? je m'en garderai bien. Je sais le respect que l'on doit aux morts. Et puis, je ne voudrais pas me mettre mal avec les gastronomes, gens trop aimables, s'il faut en juger par l'œuvre charmante de leur illustre représentant Brillat-Savarin, de très spirituelle mémoire.

LE PAON.

———

Le Paon est incontestablement le plus beau des
oiseaux ; originaire de ces contrées où abondent
les plus riches pierreries, on dirait que la nature
les a réduites en poussière pour la répandre sur
son plumage.Tout le monde connaît l'admirable
description qu'en a faite Buffon. Nulle part ce grand
écrivain ne s'est montré plus habile dans le choix
de l'expression. Son style brille des couleurs qu'il
peint, et l'œil se représente le jeu de la lumière, les
mille nuances qui éclatent sur le brillant plumage
qu'il décrit.

Mais si la nature s'est plu à répandre avec pro-
fusion toutes ses richesses sur la robe du paon, elle

ne lui a pas donné ces qualités charmantes qui nous attirent vers l'être qu'elle en a doué.

Fier de sa parure, marchant à pas comptés, la tête haute et le col tendu, le paon semble se poser, pour provoquer les regards admiratifs.

Dédaigneux, il tient à distance les oiseaux de nos basses-cours qui vivent avec lui, il les éloigne à coups de bec et à coups d'aile, et ne souffre qu'ils prennent leur pâture que selon son bon plaisir. Mais ces airs de sultan ne sont pas toujours bien venus, et j'ai eu la satisfaction de le voir plus d'une fois battre en retraite et vaincu par un coq, justement exaspéré de son arrogance.

Vaniteux à l'excès, de même que le dindon, il se montre très sensible à la louange, et quoi qu'il soit dans toute sa splendeur quand il fait la roue, il semble si orgueilleux, si infatué de lui-même, qu'on ne lui accorde qu'à regret le sentiment d'admiration qu'il ambitionne.

Cet oiseau n'est réellement fait que pour le plaisir des yeux, et quoiqu'en dise Buffon, les accents de sa voix perçante qu'il jette comme des cris d'appel, affectent désagréablement l'oreille.

Son vol est pesant et court, les longues et nombreuses plumes de sa queue sont plutôt un ornement qu'un utile appareil de locomotion; loin de lui servir de gouvernail comme aux autres oiseaux, elles le gênent dans son vol; et lorsqu'il les perd par la mue, il vole encore moins bien.

Plus artistes que savants, les anciens, dont l'imagination était vive et superstitieuse, se plaisaient à diviniser ce qui leur semblait extraordinaire en tout genre, et surtout les objets empreints d'un caractère de grandeur. L'aigle, aux yeux étincelants, au regard fier et assuré, à la voix éclatante, et dont les mœurs et les attitudes décèlent la vigueur et la majesté, devait plaire au maître des dieux, aussi l'ont-ils placé à ses côtés comme attribut de sa toute-puissance. Et le paon, emblême de tous les charmes que doit réunir la beauté, devait prendre place auprès de la majestueuse Junon, l'épouse de Jupiter.

La vanité du paon est devenue proverbiale. Honteux lorsqu'il a perdu ses plumes, on dit qu'il se dérobe aux regards, et ne veut se montrer que quand elles ont reparu.

Ses habitudes en général ne sont pas agréables. Quoiqu'il vole péniblement, il perche sur les grands arbres, passe ordinairement la nuit sur les murs et le toit des maisons qu'il salit et dégrade, recherche rarement la société de l'homme, et s'isole volontiers. Cependant nous aimons à l'avoir près de nous dans nos habitations à la campagne.

Il est vrai qu'à toute heure du jour la présence de quelques-uns de ces oiseaux, errant çà et là, augmente le charme de ces jolis tapis de verdure qui décorent nos jardins. Le matin et le soir dans les beaux jours de l'été et de l'automne, quand les rayons du soleil rasent le sol, regardez-les au moment où, sortant de l'ombre d'un arbre, ils passent dans un endroit éclairé; vous serez comme ravis par une éblouissante apparition. Subitement frappé par la lumière, leur plumage vous renvoie les reflets de ses couleurs vives et variées et d'un effet si sublime, que notre art, dit Buffon, ne peut ni les imiter ni les décrire.

Nous avons acclimaté le paon, il a pris rang parmi nos oiseaux domestiques, aussi a-t-il dû être pour tout le monde un objet de curieuse observation. Dans l'antiquité comme de nos jours, on en a beaucoup parlé et beaucoup écrit.

On croit que ces cris souvent répétés sont un présage de pluie, ce que l'expérience rend très probable, et comme le merveilleux nous plaît, que l'esprit humain n'est jamais complétement dégagé de certaines faiblesses, la superstition a voulu voir dans ces cris un funeste pronostic. Et puisque l'erreur et l'illusion sont les filles d'une admiration excessive, il ne faut pas être surpris que dans les premiers temps où il a paru, le paon, ainsi que tous les êtres doués de qualités extraordinaires, ait eu, et conserve encore le privilége d'abuser les esprits après avoir fasciné les regards.

LA COLOMBE ET LA TOURTERELLE

Je ne puis voir cet oiseau sans me rappeler aussitôt les jours de mon enfance. La tourterelle à collier
a été mon premier ami, et l'un de mes consolateurs
pendant une de ces maladies auxquelles on est sujet
à cet âge.

Comme tout animal dont les qualités sont fortement accentuées, la tourterelle offre des contrastes
frappants. Sous l'apparence de la placidité et d'une
égalité d'humeur inaltérable, elle cache un cœur de
feu.

La couleur caractéristique de son moëlleux plumage, l'élégance et la grâce de ses formes harmo-

nieuses, la douce monotonie de son chant, toutes ses habitudes concourent pour en faire le type de la mansuétude, et vraiment ce n'est point à tort que les artistes et les poètes en ont fait l'emblême de la passion la plus douce et la plus impétueuse, et que le culte chrétien l'a choisie comme le symbole de l'ineffable bonté de l'Esprit Divin.

Son vol est de courte durée, elle semble se plaire dans un espace restreint, et jamais je ne l'ai vue témoigner la moindre répugnance à rentrer dans la cage qu'on lui a donnée pour domicile.

Elle reçoit nos caresses avec complaisance et une sorte de volupté; par l'inclinaison de sa tête, semblable à un salut plusieurs fois répété et presque toujours précédé d'un petit cri, imitatif du rire, elle vous rend grâce du plaisir qu'elle paraît éprouver.

Dans la crainte sans doute de gâter son charmant naturel, elle veut rester ce que la nature l'a faite, et se montre rebelle à toute sorte d'enseignement.

C'est au retour des beaux jours, quand les premières ardeurs de la passion viennent l'aiguillonner, qu'il est intéressant d'observer le mâle de la tourterelle à collier.

Amant ingénieux, il sait jouer alors tous les rôles pour peindre et faire partager sa flamme à l'objet aimé. D'abord il s'avance, se dresse, se rengorge, recule, s'avance de nouveau, prend un air conquérant qu'il abandonne soudain, et se montre amoureux, humble et soumis, revient la tête inclinée, frappe d'un coup d'aile caressant la cruelle qui lui répond par un signe de froideur et de dédain. Peut-être faut-il l'excuser. La pudeur a ses lois, et d'ailleurs la dissimulation n'est-elle pas l'arme favorite du beau sexe? Elle ne peut l'ignorer.

Cependant vaincue, fascinée par le charme des mille petites agaceries qu'il lui prodigue, elle n'oppose plus qu'une faible résistance à son vainqueur.

Mais ce n'est point un trompeur qui l'a séduite, il garde la foi jurée. L'amant passionné devient le plus tendre et le plus dévoué des époux ; pendant tout le temps que durera la ponte et l'incubation de la femelle, on le verra près d'elle afin de la distraire et de l'encourager à la patience. Lorsque les petits seront éclos, il prendra sa part des inquiétudes, des soins, des plaisirs et des peines de leur éducation.

LE PIGEON.

Il y a plusieurs espèces de pigeon, et le nombre des variétés de ces espèces est considérable; je n'ai pas l'intention de les passer en revue, je sortirais de la sphère de mes études.

On voit dans nos villes et dans nos campagnes une grande quantité de ces variétés, soit dans les volières, soit dans les colombiers, presque toutes distinguées par la beauté, l'éclat de leurs couleurs et l'élégance de leurs formes. La douceur de leurs mœurs, la qualité de leur chair, les ont fait rechercher depuis longtemps; elles ont été et sont encore aujourd'hui un sujet d'étude et de curiosité pour les amateurs.

Tout le monde connaît à peu près les habitudes de ces oiseaux, il serait inutile d'en parler.

Mais quelques-unes de ces espèces ont reçu de la nature une faculté vraiment merveilleuse, et sur laquelle les naturalistes, à peu d'exceptions près, ont gardé le silence, soit qu'elle ait été ignorée de ceux qui d'abord ont parlé des pigeons, soit que ceux qui l'ont observée, n'aient pu en découvrir la cause.

On voit de suite par ce que je viens de dire qu'il s'agit de cet instinct (si toutefois il convient d'employer ce mot) qu'ont ces espèces, de se rendre à travers l'immense plaine de l'air au séjour de leur naissance, en partant d'un lieu où elles ont été amenées, sans qu'elles aient pu se douter de la longueur ni de la direction du trajet qu'on leur a fait parcourir, pour les y conduire.

Qui nous dira pour quelle raison, des pigeons amenés aujourd'hui par exemple d'Anvers à Angers, par le chemin de fer, durant la nuit et enfermés dans une cage, se dirigeront vers le lieu de leurs pénates, aussitôt qu'on les aura rendus à la liberté? Il y a plus, les prisonniers sont à peine arrivés à l'endroit où la porte va s'ouvrir, que déjà toutes les têtes sont tournées vers la contrée, objet de leurs désirs et de leurs regrets. Un élément occulte semble exercer sur eux le même empire que l'aimant sur le fer.

Faut-il attribuer cette miraculeuse perspicacité à une puissance de vue dont nous ne pouvons nous faire idée? Serait-ce à des émanations échappées du foyer domestique et transmises à l'odorat, par des courants qui se feraient sentir à certaines hauteurs atmosphériques, et dont nous ignorons l'existence, ou bien encore serait-ce à une différence de température appréciable à l'oiseau, et qui lui servît de boussole pour reconnaître la direction de sa patrie; ou bien enfin, si ces explications répugnent à la raison, devons-nous avouer que le pigeon renferme dans son organisation, un sens ou si l'on veut une vertu, que l'observation et la science n'ont pu pénétrer jusqu'à ce jour; quant à moi, je le croirais, et l'exclamation du poète s'échappe de ma mémoire.

Felix qui potuit rerum cognoscere causas :

Au fait, celui qui donnerait l'explication de ce curieux phénomène, ouvrirait peut-être la voie à de nouvelles et précieuses découvertes; on peut au moins le supposer, quand on pense qu'un grain d'ambre et les pattes d'une grenouille ont été le point de départ de ces nombreuses expériences, qui ont agrandi le domaine de la science, et multiplié les chefs-d'œuvre et les richesses des arts et de l'industrie.

LE MARTINET.

Le martinet est pour le vol ce que le rossignol est pour le chant. Si le rossignol chante toujours, le martinet vole sans cesse; et lorsqu'on vient à se demander comment deux êtres aussi petits, et d'apparence si délicate, peuvent suffire à une telle continuité d'action, l'étonnement vous saisit.

Le martinet sent si bien qu'il est fait pour l'air, que sa confiance dans cet élément est sans bornes; il s'y joue, il s'y livre à toute sorte de caprices, et cela avec plus d'aisance que le poisson dans l'eau. Tantôt après une pointe verticale, les ailes perpendiculaires, rapprochées et comme si elles venaient tout à coup à lui manquer, il retombe en roulant sur lui-même. Tantôt il fatigue le regard par des allées et venues, des évolutions et des zigzags sans fin, puis subitement il s'élance presque en ligne droite et disparaît pour quelque temps. Bientôt il reparaît et recommence la même manœuvre.

Quelques heures avant le coucher du soleil ces oiseaux se réunissent dans les localités où ils sont venus se cantonner; on dirait qu'ils cherchent le contraste, et que pour vous donner une plus haute idée de l'indépendance et de la liberté dont ils sont la vivante image, ils se plaisent à raser de leurs ailes rapides les murs des vieux édifices destinés aux reclus. C'est autour des prisons, des couvents et des monastères qu'ainsi rassemblés en troupes ils s'encouragent et s'excitent en jetant par moments des cris aigus et simultanés.

Buffon affirme que les martinets craignent la chaleur; je crois au contraire que la chaleur leur plaît et semble augmenter leur énergie, car jamais ils ne sont plus vifs que par un ciel pur et un soleil ardent.

Ainsi que l'hirondelle, le martinet se nourrit de petits insectes qu'il recueille en volant. Mais on ne le voit point comme elle raser la terre lorsque l'orage et la pluie approchent, son vol est toujours plus élevé.

Si par hasard il vient à se poser sur un plan horizontal, ses pattes sont si courtes qu'il ne peut plus alors s'élever assez haut pour déployer convenablement ses ailes, et souvent il s'efforce en vain de reprendre son essor. Aussi quand il veut se reposer il pénètre à plein vol dans un trou ou s'accroche le long des murailles et c'est pour cette raison sans doute qu'il vient rarement autour des habitations situées au milieu des campagnes, si ce n'est aux environs des vieux castels dont les murs lui servent d'asile.

Je ne sais s'il boit ou s'il est organisé de sorte à ne point éprouver le besoin de la soif, que son extrême activité devrait rendre impérieuse, je ne me rappelle pas en avoir vu un seul se désaltérer sur le bord des rivières et des ruisseaux, même dans les plus vives chaleur. Buffon dit qu'il boit en rasant la surface de l'eau, je ne puis le contredire, et cependant je me défie de cette assertion.

On connait la forme et la couleur de cet oiseau, je n'en parlerai pas. Il vient plus tard et nous quitte plus tôt que l'hirondelle. D'un naturel encore plus sauvage il nous intéresse moins que cette dernière.

Je ne connais du martinet aucun caractère, aucun de ces faits d'intelligence qui font naître entre l'homme et quelques animaux les attraits de la sympathie. Il excite la curiosité sans éveiller l'affection, ni son arrivée ni son départ ne sont pour nous un sujet de plaisir et de regret. Sa présence dans nos climats n'y ajoute aucun charme, et son entière disparition ne nous toucherait que faiblement; il n'est pas du nombre de ceux que l'on ne se consolerait pas de ne plus voir et de ne plus entendre.

LE PÉLICAN.

En parcourant nos cabinets d'histoire naturelle je
ne me suis jamais arrêté devant la singulière physionomie de cet oiseau, sans éprouver aussitôt le désir
de le voir vivant, et de l'observer dans ses habitudes.

Le pélican a la passion du repos, il s'y délecte ;
on le voit rester des heures entières couché, le bec
appuyé sur son dos et caché sous ses ailes. Si l'apparition de quelque être dont il redoute la présence
le force à sortir du lieu où il s'est posé, son air
d'impatience décèle l'ennui qu'il éprouve à se dé-
placer.

Ce qui vous frappe d'abord en lui, c'est la longueur et la forme de son bec, et si on ne le voyait,
on ne se douterait pas de la facilité avec laquelle il

sait en faire usage, car cet énorme appareil semble plutôt un embarras qu'un utile instrument.

Pendant un voyage que je fis en Belgique, j'allai visiter le jardin zoologique de Bruxelles; j'étais accompagné par un de mes amis, homme doué de ces qualités aimables et rares qui font le charme de la société, et que l'on est toujours heureux de rencontrer.

Nous marchions lentement et en véritables amateurs, nous arrêtant çà et là, rendant hommage au jardinier dessinateur dont le goût exercé et sûr avait tiré un parti si heureux des divers accidents du sol. Nos regards se portaient avec complaisance sur de larges tapis de verdure, les uns composés de gazon fin, luisant et serré, les autres de petit trèfle blanc, court, épais et fourni, et qui, d'une élégance sans égale, dessinait les gracieux contours des massifs et des corbeilles chargées de fleurs. Nous arrivions au point culminant d'où l'œil peut embrasser l'ensemble de ce beau jardin.

Près de nous était une flaque d'eau limpide, entourée de rocailles artistement disposées sur l'un de ses bords : sur l'autre rive, couverte d'une herbe verdoyante et encore humide de rosée, siégeaient en silence, et dans l'attitude du calme le plus absolu, deux pélicans de riche taille et d'une entière blancheur. Ils semblaient si heureux de leur quiétude, que je n'aurais jamais voulu les troubler, si mon ami n'eût piqué ma curiosité.

Ces oiseaux, me dit-il, que vous croyez sans doute fort indolents, sont doués d'une extrême agilité, et leur adresse dans la manœuvre de ce long bec qui vous étonne passe toute croyance. J'ai eu il y a peu de jours le plaisir d'assister à l'un de leurs repas.

Placés où nous les voyons, ils étaient comme ensevelis dans le sommeil le plus profond; en un instant leurs petits yeux noirs devinrent étincelants, et soudain je vis leur bec sortir de dessous leurs ailes, comme une grande lame de son fourreau, puis ils se précipitèrent brusquement dans le bassin. Le gardien venait d'entrer dans leur enclos; d'un panier qu'il tenait sous le bras il sortit un bon nombre de poissons encore vivants qu'il lança à l'eau, et se retira, me laissant seul témoin d'un spectacle auquel j'étais loin de m'attendre, de trop courte durée je vous assure, car à mon étonnement se joignait une véritable admiration.

Devenus aussi prompts et aussi agiles qu'ils nous semblaient apathiques, nos pélicans s'agitaient en tous sens pour saisir leur proie. Le poisson qu'ils prenaient, suivant l'axe de sa longueur, glissait merveilleusement au fond de leur gosier, mais ne pouvaient-ils le saisir qu'en travers, alors ils le retenaient avec l'ongle qui termine la lame supérieure de leur bec, puis par un mouvement de bas en haut, imprimé avec l'habileté du plus adroit joûteur, ils le lançaient en l'air de façon qu'il retombât dans le sens de sa longueur, et vînt s'engloutir dans leur poche placée tout exprès comme vous voyez au fond du bec qu'ils tenaient largement ouvert. Cette manœuvre dura jusqu'au dernier poisson, après quoi ils reprirent leur première attitude, avec cet air de douce satisfaction que l'on remarque chez les gens dont la provision est assurée.

En achevant ce récit, mon ami allongea le bras vers nos impassibles pélicans en agitant la canne qu'il portait, ils ne parurent pas s'en apercevoir; à mon tour je cherchai à les épouvanter par un cri, ils me firent même réponse; enfin je leur lançai une petite pierre, cette fois ils s'émurent, et s'étaient à peine soulevés qu'ils retombèrent aussitôt, replaçant leur bec sur le dos. Cette insistance me désarma, nous n'avions pas d'ailleurs à notre disposition de quoi les dédommager de nos agaceries, et leur physionomie était empreinte d'une si éloquente inquiétude que je leur accordai de bonne grâce la tranquillité qu'ils nous demandaient et qui paraît faire le plus grand charme de leur existence.

La chasse que le pélican en liberté fait aux poissons vaut la peine d'être observée, Buffon n'a pas dédaigné de la décrire.

« Les ailes du pélican, dit-il, sont si largement
» étendues que l'envergure en est de 11 à 12 pieds;
» il se soutient donc très facilement et très long-
» temps en l'air; il s'y balance avec légèreté, et ne
» change de place que pour tomber à plomb sur sa
» proie qui ne peut échapper, car la violence du choc
» et la grande étendue des ailes qui frappent et cou-
» vrent la surface de l'eau la font bouillonner, tour-
» noyer et étourdissent en même temps le poisson.

. . . . , .

» C'est un spectacle de les voir raser l'eau, s'éle-
» ver de quelques piques au-dessus, et tomber le
» cou raide et leur sac à demi-plein, puis se rele-
» vant avec efforts, retomber de nouveau et soutenir
» ce manége jusqu'à ce que cette large besace soit
» entièrement remplie; ils vont alors manger ou di-
» gérer à l'aise sur quelque pointe de rocher où
» ils restent en repos et comme assoupis jusqu'au
» soir. »

La faculté de soutenir longtemps son vol à l'aide de ses larges et puissantes ailes, son naturel susceptible d'éducation et d'attachement pour l'homme, l'immensité de son bec, la large poche qui lui sert de garde-manger, tous ces caractères originaux devaient attirer l'attention des naturalistes et des voyageurs, et surtout des personnes d'une imagination prompte à s'exalter devant l'extraordinaire. Aussi le pélican n'a -t-il pas manqué d'historiens, et quelques-uns, comme il arrive toujours, n'ont pas craint de donner comme vrais des faits que le bon sens réprouve.

Je me défie de l'excès en toute chose, et pourtant certaine croyance généralement et depuis longtemps répandue ne me permet pas de douter du dévouement du pélican pour sa progéniture, mais sans affirmer, malgré tout mon respect pour saint Augustin et saint Jérôme, que sa tendresse l'emporte sur l'instinct de sa conservation.

Je n'ai point oublié la vive impression que j'éprouvai un jour à la vue d'un petit tableau qui représentait d'une manière touchante un pélican entouré de ses petits s'abreuvant du sang qui ruisselait de ses flancs déchirés. Je croyais alors à la vérité du fait. L'âge et l'expérience ont emporté mes illusions; je le regrette, car je voudrais encore y croire. Mais je n'en rends pas moins hommage au pélican d'avoir été le sujet d'un emblème qui lui fait tant d'honneur,

LE COQ.

———

Le coq est le plus commun de nos oiseaux domestiques. Les rapports de constante familiarité établis entre nous et lui depuis un temps immémorial,
ne permettent plus d'ajouter à son histoire, elle est
faite, elle est connue. Il n'y a pas d'habitation, si pauvre qu'elle soit, où on ne le voie. La nature l'a donné
à l'homme comme le chien, pour être son compagnon et son commensal, et dans ce pacte d'alliance,
le coq surpasse le chien par le sacrifice de sa per-
sonnalité ; il nous appartient en entier pendant sa
vie et après sa mort.

Comme presque tous les gros oiseaux, le coq ne
chante point, il *vocifère* le jour et la nuit, et surtout

le matin on l'entend fréquemment ; les accents de sa voix pénétrante retentissent au loin, on dirait qu'il jette des cris d'avertissement, dont les redoublements semblent annoncer les variations de température et l'approche des orages.

Le coq a les qualités du brave ; impétueux, franc et loyal, il cherche la lutte, dédaigne la ruse, va droit à son adversaire qu'il combat toujours en face, en lui présentant la poitrine.

Les paysans, assez bons observateurs, ne le comparent point à un sultan, mais à un général, et cette comparaison ne manque pas de justesse.

Sa crête d'un rouge éclatant, tel qu'un panache destiné à orner sa tête et le dessous de sa gorge, sa démarche fière, un peu lourde et compassée, ses plumes effilées flottant en longs cheveux d'or sur son col et ses flancs, les longues plumes de sa queue, recourbées et balancées par le vent au-dessus de sa tête, lui donnent et rappellent cet air imposant et magnifique qu'affectent certains chefs d'armée les jours de parade. Un de nos poètes a fait du coq cette charmante peinture, qui selon un célèbre critique, ne laisse rien à désirer.

> En amour, en fierté, le coq n'a point d'égal,
> Une crête de pourpre orne son front royal ;
> Son œil noir lance au loin de vives étincelles,

Un plumage éclatant peint son corps et ses ailes,
Dore son col superbe et flotte en longs cheveux.
Sa queue, en se jouant du dos jusqu'à sa crête,
S'avance et se recourbe en ombrageant sa tête.

La Harpe ajoute : c'est peindre en vers, comme Buffon peint en prose, et cela est vrai.

Puissamment organisé, le coq voudrait être seul admis aux faveurs de ses nombreuses compagnes ; la présence d'un rival l'exaspère, du plus loin qu'il l'aperçoit il se rue à sa rencontre haletant de fureur, et lui livre des combats à mort. Cette fougue éclate dès le jeune âge. Aussi voyons-nous journellement deux jeunes coqs à peine crêtés, se tenir en arrêt le col tendu, vis-à-vis l'un de l'autre, se mesurer de l'œil, se plumer, se déchirer à coups de bec et d'ongles, et tomber d'épuisement et presque sans vie, après une lutte longue et acharnée : et pourtant soit qu'il pardonne des égarements à la faiblesse, soit qu'il s'élève au-dessus de l'outrage, il reste souvent impassible témoin d'innombrables infidélités.

L'homme qui abuse de tout, s'est fait un amusement cruel de cette humeur batailleuse. Les combats de coqs ont été pendant longtemps, et sont encore aujourd'hui, un spectacle plein d'attraits pour les populations de quelques pays.

Sa vigilance et son courage lui ont mérité l'honneur de figurer sur les enseignes de nos aïeux. Son nom se mêle aux événements les plus mémorables.

Par son chant, il annonce à l'apôtre la mort de notre Rédempteur, et les dernières paroles de Socrate expirant le rappellent au souvenir de ses disciples.

Les habitudes et les mœurs du coq ne sont pas toutes dignes d'éloge ; on peut lui reprocher d'être peu sensible aux devoirs de la paternité : il laisse à sa femelle tous les soins, toutes les fatigues de la couvée, et on ne le voit guère prévenir les dangers et combattre l'ennemi de sa progéniture. Toutefois, ses instincts généreux ne le quittent jamais complétement. Trouve-t-il la moindre nourriture, aussitôt par un léger gloussement, il en prévient et les petits et la mère, et la leur abandonne sans partage.

Il est difficile de décider si le coq est originaire de nos contrées, ou s'il y a été transporté de l'ancien monde. Peut-être accompagnait-il, dans leurs émigrations, les peuples de l'Asie et de l'Euxin, les Kimris et les Gaëls. Le mot latin *Gallus*, et le mot gaulois *Gal*, paraissent indiquer qu'il nous a été transmis par les peuples dont il rappelle le nom.

Il y a une grande variété de coqs, elles diffèrent

par la taille et les couleurs, mais les plus beaux sont ceux dont les plumes du col et des flancs sont, comme nous l'avons dit, d'un jaune doré, plus ou moins vif et foncé, et qu'on rencontre le plus ordinairement chez les habitants de nos campagnes.

LE GRAND DUC.

—

Ainsi que tous les oiseaux de l'ordre et de la famille dont il fait partie, le grand-duc vit plutôt la nuit que le jour.

Il vient par hazard dans nos contrées, mais on ne le voit guère que dans les lieux sauvages et solitaires, voisins des forêts et des grands bois. Ce séjour sombre et silencieux lui convient, il y trouve d'ailleurs en plus grande abondance les animaux dont il se nourrit; le creux des rochers, les ruines d'une ancienne construction, lui servent de retraite.

Je n'ai pu observer cet oiseau que dans les musées et les ménageries, où il est ordinairement tenu renfermé dans une grande cage.

Son attitude presque toujours verticale, sa grosse tête surmontée de deux longues aigrettes, ses grands yeux fixes, aux larges prunelles entourées d'un cercle d'un jaune foncé, son immobilité, le silence qu'il observe, la lenteur habituelle de ses mouvements, qui tout à coup passent à la brusquerie, contribuent à donner au grand-duc une physionomie particulière et imposante.

Je dis imposante, peut-être me trompais-je, car ce mot éveille en moi de sérieuses réflexions, et dont je ne me doutais pas à l'occasion d'un grand-duc.

D'où vient, me suis-je demandé, en me représentant la gravité de cet oiseau ; d'où vient que certains airs accompagnés du silence impriment le respect et la crainte? Serait-ce que par un retour sur lui-même, l'homme suppose à l'être silencieux et grave, un sentiment de supériorité et des pensées ennemies?

La conscience me révélerait-elle que si je redoute la pénétration d'un regard scrutateur, c'est que je cherche à lui dérober les défauts inhérents à ma faiblesse? En effet, pourquoi le craindrais-je; pourquoi ce silence, pourquoi ce regard m'imposeraient-ils, si je n'avais de justes motifs de m'en inquiéter? Oui, je le sens, l'inconnu inspire la crainte et le respect, et ce mystère est peut-être le frein salutaire que la divine sagesse s'est réservé contre l'orgueilleuse et imprudente témérité.

Et voilà qu'en me laissant aller au fil de cette digression philosophique, j'arriverais à conclure qu'il n'y a si mince objet dans la nature, qui ne puisse être pour nous la source d'un utile enseignement.

Le grand-duc n'est pas seulement remarquable par ses attitudes. La couleur sombre de son épais plumage décèle son existence nocturne, sa voix puissante et lugubre porte au loin la tristesse et l'effroi, son bec court et crochu, dont la base est enveloppée de longs poils, sa grande taille, son énergique structure, la force musculaire de ses longs doigts armés d'ongles noirs et crochus, annoncent ses instincs féroces, et qu'il est né pour l'attaque. Aussi fait-il une guerre meurtrière aux lièvres, aux lapins et à une foule d'autres animaux.

Aigle de la nuit, son repaire est un véritable charnier où il amoncèle les cadavres de ses victimes.

Avec de telles mœurs, le grand-duc a dû être le sujet de beaucoup d'histoires, et certes il n'est pas nécessaire d'être superstitieux pour être effrayé par l'apparition soudaine de cet oiseau dans le silence et l'obscurité de la nuit.

Ce que j'ai dit ailleurs sur les oiseaux de proie en général, je pourrais l'appliquer au grand-duc, ses caractères physiques et ses inclinations l'ont fait classer parmi ces oiseaux.

LE VANNEAU.

—

Le vanneau ne quitte guère les prairies; au printemps la femelle y dépose ses œufs sans beaucoup d'apprêt, et les petits éclosent et grandissent au milieu des herbes.

Il suffit d'entendre une fois le cri caractéristique de cet oiseau pour ne plus l'oublier, et si vous écoutez avec attention le bruit occasionné par le battement de ses ailes quand il presse son vol, vous comprendrez bien vite d'où lui est venu son nom.

A l'automne et pendant l'hiver les vanneaux se réunissent et volent par bandes sans s'élever jamais beaucoup au-dessus du sol. Leur vol se distingue de celui des autres oiseaux par un mouvement particulier, ordinairement lent et saccadé; leurs ailes arrondies vers les extrémités en sont probablement la cause.

J'ai souvent observé le vanneau lorsqu'il vient pour chercher les vers et les insectes sur les prés nouvellement fauchés. D'abord il reste immobile, puis tout à coup il marche à pas rapides et s'arrête soudain, becquète le vers ou l'insecte qu'il avait aperçu, reprend son immobilité pour se précipiter de nouveau à la recherche de sa nourriture.

Il veille sans relâche sur sa couvée. A votre approche il voltige autour de vous, au-dessus de votre tête, en jetant des cris d'anxiété, et ne vous quitte qu'autant qu'il vous juge assez éloigné pour ne plus lui inspirer de crainte.

Les formes du vanneau sont assez gracieuses, cependant il plaît moins lorsqu'il vole que quand il est à terre, j'en ai dit la raison, et puis lorsqu'il marche l'on distingue mieux l'élégante aigrette qui orne sa tête et les reflets irisés de son joli plumage.

Il s'habitue assez facilement dans les jardins, où nous le gardons pour faire la chasse aux vers et aux insectes, et bien que dans cet état de quasi-domesticité il soit facile de l'observer, je n'ai vu ni entendu raconter aucun fait remarquable de cet oiseau. Au dire de tous les observateurs, le cercle de son intelligence est très restreint.

L'AIGLE.

Il n'est personne qui, après avoir considéré cet oiseau, ne se rappelle les comparaisons dont les diverses parties de son corps ont été le sujet. A qui n'est-il pas arrivé de dire : Il crie comme un aigle, il a des yeux, un nez, une figure d'aigle, etc., etc. En effet, tout est saillant et nous frappe dans le physique de l'aigle, l'énergie de son regard, la fierté de ses attitudes, la courbure de son bec, ses doigts nerveux armés d'ongles acérés, les mouvements brusques et soudains de sa tête, la rudesse de ses plumes et surtout les infatigables ressorts de ses longues ailes ; lui-même semble avoir conscience de sa vigoureuse organisation.

Sa vue est si pénétrante, dit Buffon, qu'il *voit d'en*

haut et de vingt fois plus loin une alouette sur une motte de terre, qu'un homme ou un chien peuvent l'apercevoir. Du haut des airs il tombe comme la foudre sur les animaux dont il fait sa proie, et s'il est vrai que le sentiment du beau nous arrive principalement par le sens de la vue, l'aigle devrait le posséder au suprême degré.

Représentez-vous par un de ces beaux jours d'été, lorsqu'un air pur et un ciel sans nuages permettent à la lumière de se répandre dans l'espace et de mettre en relief tous les objets qu'elle éclaire, représentez-vous, dis-je, par un de ces jours, un aigle planant dans le ciel à perte de vue, et figurez-vous, s'il est possible, le spectacle grandiose qu'il embrasse de ses regards projetés sur le cercle immense dont il est le centre.

Ajoutez que par la rapidité de son vol il peut en quelques secondes changer ses horizons, et contempler en un instant les effets sublimes des contrastes les plus variés, et comme je vous suppose sensibles aux grandes scènes de la nature, dites-moi en conscience si vous ne lui portez pas envie.

Et vous, bons Parisiens, grands amateurs de petits voyages, vous touristes et romanciers que j'ai vus haleter, souffler et suer de tout votre corps lorsque vous gravissiez quelque rocher des Alpes ou des

Pyrénées dans l'espoir d'y trouver un point de vue qui devait vous offrir le texte d'une interminable description, dites-moi, si cet oiseau pouvait vous entendre et vous lire, que penserait-il de vos récits? Ah! je me le suis souvent demandé, je m'en doute, mais je ne puis vous le dire.

Comme exemple de la vigueur de son vol, voici un fait qu'un de mes amis, qui voyageait pour affaire dans la haute Italie, m'a raconté plus d'une fois.

C'était, me dit-il, dans les jours du mois de mai, j'étais à cheval et je me rendais à Gênes en suivant une vallée des Apennins; l'air était très calme et le ciel transparent, mes regards se dirigeaient instinctivement vers la crète des montagnes que le soleil dorait de ses premiers feux. Sur la cime d'un grand chêne isolé et fort éloigné j'aperçus un oiseau de haute taille; j'avais à peine eu le temps de penser à un aigle qu'il passa à peu de distance, et devant moi; il rasait presque la terre et ses ailes étaient pliées. Je vous le jure, je crus voir un énorme projectile et entendre son sifflement. La compression de la masse d'air qu'il déplaçait par l'impétuosité de son vol était telle, qu'au moment de son passage j'éprouvai une secousse qui me fit chanceler, et mon cheval s'arrêta.

C'était un aigle de mer, un orfraie, oiseau assez

commun dans ces contrées, que j'ai eu moi-même occasion de voir pendant mon séjour dans la même ville.

Assis sur le flanc des montagnes, et quelquefois sur le bord du rivage où je me rendais chaque jour pour contempler les ravissantes beautés du paysage, je ne me lassais pas d'observer quelques-uns de ces oiseaux, je suivais des yeux avec un plaisir indicible la majesté silencieuse de leur vol, et j'épiais le moment où, de quelque point de ces orbes gigantesques qu'ils décrivaient avec tant d'élégance, je les verrais tout à coup fermer leurs ailes et descendre comme un bloc sur la mer, s'y enfoncer, puis en sortir en enlevant dans leurs serres une riche capture. Je n'ai pas eu le bonheur d'être témoin de cette chasse, et cette déception est classée depuis longtemps au rang de mes plus amers regrets.

Buffon a dit, et j'ai redit après lui, que ces oiseaux étaient les rois de la nature, je dirai encore ici avec lui que l'aigle est le roi des oiseaux. Mais comme tous les êtres doués de puissantes facultés et dont les instincts impérieux ne souffrent nul obstacle, l'aigle vit en despote, il ne permet à aucun autre de ses pareils de franchir les limites de son territoire, et veut exercer sans partage son tyrannique empire dans le vaste domaine qu'il s'est choisi.

Il paraît être originaire de tous les pays, on le voit dans l'ancien et le nouveau monde à différentes latitudes, où il habite de préférence les lieux solitaires et les pays montueux, parce que là, sans doute, il peut se livrer plus sûrement à ses dépravations, et plus facilement à l'exercice de son puissant regard.

Son nid, auquel on a donné le nom d'*aire*, est, selon les naturalistes, comparable à un vaste plancher posé sur de longs bâtons, et *assez ferme*, dit l'un d'eux, non seulement pour soutenir l'aigle, sa femelle et ses petits, mais pour supporter encore le poids d'une grande quantité de vivres. On assure qu'il enlève et porte aisément jusque dans son aire des oies, des lapins, des lièvres, et même des chevreaux et des agneaux.

Je ne m'étendrai pas davantage sur les mœurs de l'aigle, je ne parlerai point de ses diverses espèces, parce que, à quelque exception près, toutes ont les mêmes habitudes et les mêmes instincts, et d'ailleurs de tous les oiseaux remarquables l'aigle est celui que les naturalistes ont le plus étudié.

Les anciens avaient donné le nom d'*oiseau céleste* au grand aigle. Son caractère altier, son courage et la magnanimité dont on le croit susceptible lui ont mérité d'être comparé au lion.

Les nations guerrières et les conquérants (par une sorte d'attraits sympathiques) l'ont souvent choisi comme le symbole de leur valeur et ont surmonté leurs enseignes de son image en signe de leur puissance ; à son tour l'allégorie s'en est emparée et nous le représente aux prises avec la foudre qu'il maîtrise par la vigueur de ses pieds formidables.

Enfin, le maître des dieux l'a appelé près de lui pour lui confier la garde de l'Olympe.

LE VAUTOUR.

—

L'aspect du vautour est repoussant; la bassesse de ses instincts, son nom même inspirent le dégoût.

Après un combat meurtrier, les vautours dont l'odorat est très subtil, arrivent par nuées sur le champ de bataille; on sait l'horrible festin qu'ils y viennent faire, je n'en parlerai pas.

Avec son col pelé, sa taille voûtée, son regard éteint et stupide et son odeur infecte, ce vil et lâche habitant des charniers ne mérite guère que le silence et le mépris.

Que d'autres, s'ils le jugent à propos, s'étendent plus longuement sur ses goûts révoltants; pour moi, je n'ai pas ce courage.

LE PINSON.

—

Autrefois j'ai beaucoup pratiqué cet oiseau, et pourtant, jusqu'à présent, je ne n'ai pu me rendre compte de cette locution proverbiale : *gai comme un pinson*. En effet, le pinson ne donne pas plus que d'autres des marques d'une gaîté manifeste ; les accents de sa voix ne sont ni plus vifs, ni plus joyeux que ceux d'une foule d'autres petits oiseaux. Serait-ce que quand il a perdu la vue il conserve plus longtemps son chant printanier ? serait-ce que bâtissant son nid auprès de nos habitations, sur les arbustes de nos jardins, nous l'entendons souvent chanter, et que perché sur le sommet d'un grand arbre il s'y fait entendre durant des heures ? je ne sais. Serait-ce enfin une banalité ? je serais porté à le croire.

Quoiqu'il en soit, le pinson mérite notre affection,

il aime à vivre près de nous. Toujours propret et de gentille allure, sa vue nous plaît.

J'aurais bien à lui reprocher, ainsi qu'à la mésange, l'ébourgeonnement de nos arbres fruitiers. De plus, son nom nous apprend que parfois il fait un usage par trop sévère de son bec, mais on oublie facilement ces petits écarts, d'ailleurs bien pardonnables, car ils ne vont guère au-delà d'une légitime défense.

Tout le monde connaît l'ardeur et le soin qu'il apporte à la construction de son nid, et combien ce petit édifice est délicieusement contourné. Sa fidélité, sa tendresse paternelle sont à toute épreuve. On ne peut entendre sans en être touché, les accents lamentables que lui arrache la perte de ses petits :

> Quos durus arator,
> Observans nido implumes detraxit.

Le plumage d'un pinson mâle n'est point éclatant, c'est un heureux mélange de toutes les couleurs qu'il faut étudier et voir de près; le gris de fer, le bronze clair, le rose vineux, sont les nuances qui dominent; elles sont si bien fondues et si artistement nuancées, qu'elles charment l'œil par la douceur de leur teinte. La nature nous donne ici encore une preuve de son inépuisable fécondité dans l'infinie variété de ses œuvres.

Le pinson dont je parle est originaire de nos climats, il n'émigre pas, et reste avec nous pendant l'hiver. Dans cette saison rigoureuse, il se fait le compagnon du moineau franc ; on le voit presque toujours avec lui, autour des paillers, dans les basses-cours, et souvent il pénètre dans nos demeures par les grands froids, afin d'y dérober quelques grains ou des miettes de pain.

Lorsque la chasse, connue sous le nom de *brète*, était permise, le pinson occupait le premier rang parmi les oiseaux chéris des *bréteurs*, il a fait pendant longtemps les délices de nos pères et les nôtres. Aujourd'hui que cette chasse est défendue, il est tombé dans le domaine de l'indifférence, c'est un oiseau déchu. Tant de choses à la vérité ont passé qui reparaissent, qu'un jour, sans doute, lui aussi reparaîtra dans tout l'éclat de son antique célébrité.

LE LORIOT.

—

C'est un bel oiseau que le loriot, il est encore plus élégant qu'il n'est beau ; mais ne le regardez pas quand il vole, car infailliblement il vous déplaira ; et si la singularité caractéristique de son chant n'a rien d'agréable, en revanche, vous ne pouvez contempler sans en être ravi, l'admirable disposition de son nid. Il n'y a personne, assurément, qui n'ait éprouvé en l'examinant le désir de voir l'oiseau construire ce charmant édifice. On voudrait savoir comment il s'y prend pour attacher à l'extrémité d'une branche les quatre brins de fil qui supportent ce berceau aérien.

Est-ce avec le bec et les pattes, ou les pattes seulement, qu'il les a noués, allongés, tordus et si solidement fixés que les plus furieuses tempêtes n'y peuvent rien, encore qu'il soit placé au sommet des plus grands arbres.

Les docteurs ne verraient-ils là qu'un acte de pur instinct ! En ce cas, qu'ils me permettent de le dire, l'instinct qui vous enseigne à croiser deux fils, à les nouer à une branche par leur extrémité ; l'instinct qui vous apprend à suspendre votre demeure et celle de toute votre famille sur le point d'intersection de ces fils, visiblement d'aplomb et avec une solidité à l'épreuve des tempêtes, cet instinct, dis-je, pourrait bien avoir quelque ressemblance avec le génie..... Oh ! je vois venir l'objection. Votre ingénieux architecte a-t-il jamais rien modifié, et jusques à la consommation des siècles, ne sera-ce pas toujours le même ouvrage, rien de plus, rien de moins. Eh bien, soit ; je l'accorde, mais je demande à mon tour, est-ce que l'animal dont une école s'obstine à proclamer la perfectibilité, a beaucoup transformé ses œuvres depuis qu'il s'agite ici-bas ? Regardez-le pris dans le cercle infranchissable où Dieu l'a circonscrit, vous constaterez des allées et venues, des variations, des modifications, des tâtonnements pour arriver au but qu'il se propose, puis il ne l'aura pas plutôt atteint que vous le verrez revenir par les chemins qu'il aura parcourus. Croyez-vous que la perfection soit réservée aux âges futurs ? Non, sur ce point comme sur tous autres, je crois au laconique et prophétique langage de Châteaubriand : *Le passé prédit l'avenir.*

Toute la différence est du plus au moins. Certes, l'intelligence de l'homme est infiniment plus étendue et plus variée que celle de tout autre animal ; qui peut le nier ? mais quoi ! parce que celui-ci arrivera tout d'un coup à la perfection, vous ne verrez en lui qu'une machine ; parce qu'il ne se dégoûtera pas d'une œuvre parfaite, vous lui refuserez l'intelligence de savoir qu'il a fait, et bien fait ? Par ma foi, je ne vous comprends pas, et je vous dirai ma pensée tout entière. Qu'appelez-vous un chef-d'œuvre ? N'est-ce pas le produit du bon sens, du goût et de la raison ? Comment qualifiez-vous son auteur ? ne dites-vous pas que c'est un être intelligent et raisonnable ; et si cet être intelligent ne fait et ne peut faire parfaitement qu'une seule chose, ne dites-vous pas qu'il a une vocation, une spécialité, mais qu'il ne peut aller au-delà ? Entendez-vous dire, en vous exprimant de la sorte, qu'il agit par instinct ? Je ne le suppose pas ; autrement l'instinct serait tout simplement le génie, mais le génie restreint. Oui, telle est la conséquence forcée où nous conduit une manière de voir généralement admise. Qu'en pensez-vous ? mettre le génie presque sur la même ligne que l'instinct, n'est-ce pas le comble du ridicule et de l'absurde? Absurde et ridicule tant qu'il vous plaira. Eh bien, pensez-y! et vous verrez que cela pourrait bien être la vérité.

Si le lecteur était tenté de me reprocher cette trop longue digression, je le prierais de considérer qu'il est bien difficile, dans un sujet comme celui-ci, de ne pas se laisser attirer par certains points d'attache communs à tous les êtres, l'homme y compris.

Le loriot est comme le merle, dont il rappelle et la taille et les formes, extrêmement curieux. Voulez-vous éprouver sa curiosité, placez-vous contre un arbre, n'importe à quelle heure du jour, et même sans trop de précaution; percez une feuille de lierre, faites jouer cet appeau, il sera bientôt arrivé, se perchera près de vous en jetant des cris.

Mais qu'ai-je dit là? Quel conseil, quel enseignement vous ai-je donné, cher lecteur? Je dois m'en repentir, et d'avance plaindre le pauvre oiseau, si vous êtes chasseur et surtout *empailleur*. Mais non, vous êtes un bon et sérieux ornithophile, et si le loriot mange toute sorte de fruits, s'il a une passion pour les cerises et les figues, c'est aussi un mangeur insatiable de chenilles, — vous l'épargnerez.

LE PERROQUET.

Aucun oiseau n'est comparable au perroquet pour
la puissance et la fidélité de la mémoire ; nul ne reproduit et n'imite aussi bien la parole humaine ; et
cette double faculté, qu'il possède au suprême degré, a été, je n'en doute pas, la principale cause de
l'engouement d'un grand nombre de personnes pour
cet oiseau.

Il fut un temps où l'on ne pouvait, je ne dirai pas
traverser une ville, mais passer dans une de ses
rues, sans entendre des perroquets. Habiles à saisir
et à rendre toute sorte de langage et les diverses
inflexions de la voix, les uns vous jetaient au passage des cris à percer le tympan, d'autres vous
effrayaient en aboyant comme des chiens déchaî-

nés ; ceux-ci vous lançaient à la face, en ricanant, les plus sales paroles, ceux-là vous agonisaient, et presque tous terminaient leur apostrophe par d'abominables jurements ; et d'ordinaire, toutes ces gentillesses étaient débitées avec un tel accent de vérité, un tel excès d'audace et d'insolente provocation, que ces innocents mystificateurs recevaient bien souvent les châtiments dus à leur précepteur.

Ce temps n'est plus, et si la mode du perroquet n'est pas encore entièrement passée, elle est au moins sur son déclin. Reviendra-t-elle ? j'espère que non, et je fonde mon espérance sur ce que, si bon et si franc parleur qu'il soit, le perroquet ne jouit d'aucune autre distinction qui le rende intéressant. Il n'est, je crois, ni franc, ni bon ; il mord et griffe en riant, et malgré le sourire approbateur de ses amis lorsqu'il se livre à ses ébats, j'ai toujours trouvé que ses mouvements étaient dépourvus de grâce. Il vole péniblement, marche comme s'il avait des entraves, et c'est à la manière des chenilles qu'il se hisse contre le bois qu'on a coutume de lui donner pour lui servir de perchoir.

Cependant, je le confesse, il me plaît quand il mange ; impossible de mieux dépecer et creuser un fruit, et de dégager une amande de sa coquille avec plus de dextérité. Dans cette opération, son bec et sa patte fonctionnent avec une aisance sans égale. Il est vrai que l'un et l'autre outil ont une conformation spéciale et qu'on ne trouve chez aucun autre.

A l'occasion du perroquet, je dois insister sur une remarque : c'est que les oiseaux doués de la faculté d'imiter la parole, sont tous ou presque tous de tristes chanteurs. Le geai, la pie, le sansonnet, le corbeau, le bouvreuil, etc., qui tous, à des degrés différents, ont reçu de la nature cette faculté imitative, n'ont, on peut le dire, que des cris et point de chant.

D'où vient cela ? Eh , mon Dieu ! dira-t-on , c'est tout simple ; ceux-ci chantent, sifflent des airs et ne peuvent parler ; ceux-là parlent et ne peuvent chanter parce que leur organisation est différente, et qu'ils ne réunissent pas comme l'homme toutes les conditions pour être, ainsi que lui, un animal éminemment parleur et chanteur. Rappelez-vous d'ailleurs les explications de Buffon : « *Les oiseaux imi-*
» *tateurs*, dit-il, *qui ne chantent pas, ont moins de*
» *mémoire, moins de flexibilité dans les organes et*
» *le gosier aussi sec, aussi agreste que les oiseaux*
» *chanteurs l'ont moelleux et tendre. Ceux qui ont*
» *plus éminemment que les autres cette faculté d'i-*
» *miter la parole, doivent avoir le sens de l'ouïe et*

» *les organes de la voix plus analogues à ceux de* » *l'homme.* » Oui, Buffon a dit cela, je le sais ; et qu'en voudrait-on conclure ? Que la question est résolue ? Certes, Buffon peut faire autorité sur bien des points ; souvent j'admire et respecte son génie ; mais ici, en vérité, je ne puis m'incliner.

Et puis, est-il bien prouvé que les oiseaux chanteurs ont plus de mémoire que les oiseaux parleurs, et qu'il faille un effort de mémoire plus grand pour retenir et répéter des airs, que des phrases ? Non-seulement le doute à cet égard me semble très permis, mais encore je crois l'opinion contraire fort soutenable et très admissible. Au reste, Buffon n'est point affirmatif en ce cas et n'émet son opinion que sous forme dubitative. Ah ! sans doute ; pour bien faire une chose, il est essentiel d'être organisé en conséquence, et si probable que soit la supposition de notre grand naturaliste, elle n'a point cependant le caractère d'une démonstration. Pour qu'il en fût ainsi, il aurait fallu que Buffon nous eût donné une analyse complète et explicative de la cause de cette différence d'aptitude ; il aurait fallu, en un mot, que par une étude comparative de l'organisation des oiseaux chanteurs et imitateurs, il nous eût montré ce qui fait que les uns parlent et ne chantent pas, tandis que les autres chantent sans pouvoir parler.

C'est assurément ce qu'il n'a point fait. L'explication reste donc encore à donner. Qui la donnera? Je l'ignore. Au surplus, je livre ce problème à l'esprit investigateur des physiologistes et des ornithologues, bien convaincu qu'ils répondront à mon attente et ne tarderont pas à satisfaire une impatiente et légitime curiosité.

OISEAUX!

—

Je m'aperçois que la source de mes souvenirs commence à s'épuiser. J'avais pendant quelque temps suspendu mon travail; maintes fois pour le reprendre, j'ai interrogé ma mémoire, elle est restée muette. Le moment est venu, je pense, d'avoir avec vous un mot d'explication.

Si dans le cours de ma narration, je me suis montré sévère à l'égard de quelques-uns des membres de votre nombreuse famille, vous ne devez pas me le reprocher, ils m'en ont donné le droit, et puis, je l'ai déjà dit, la vérité, la justice, et enfin la morale m'imposaient ce devoir. Puisque je signalais vos qualités, je devais relever vos défauts. N'était-ce pas d'ailleurs la meilleure preuve de ma franche amitié?

Ce n'est pas sans inquiétude que je livre à la publicité les observations dont vous êtes le sujet. Quoiqu'il en soit, j'ai déjà reçu la plus douce récompense de mon œuvre, dans le plaisir que j'ai toujours eu en parlant de vous.

Chantez en paix, mes très chers, croissez et multipliez *tous* pour le bonheur de vos nouveaux amis et pour le vôtre. Quant à moi qui vous observe de près, sans parti pris, et vous connais de longue date, j'ai fait mes réserves et j'y tiens.

Nous nous reverrons, oiseaux, vous reviendrez me distraire et charmer de temps à autre mes loisirs; au revoir donc, je ne veux pas vous faire un dernier adieu.

Avant de finir, je veux soumettre au lecteur quelques réflexions sur la *chasse*, et lui offrir, pour le remercier de la complaisance qu'il a mise à me lire, un souvenir de voyage, suivi d'une autre petite anecdote. J'espère qu'il ne m'en saura pas mauvais gré.

LA CHASSE.

—

L'homme par un instinct de conservation, je veux le croire du moins pour son honneur, est né destructeur et despote.

Voyez l'enfant! il peut à peine se soutenir et faire un pas, que déjà il cherche à s'emparer de tout ce qu'il voit. Est-il dans un jardin? les fleurs fixent ses regards, il appelle sa bonne du geste et de la voix, et par un signe impératif il lui indique la rose qu'il désire; si elle ne le comprend ou ne veut lui obéir, aussitôt il crie et trépigne, puis furieux il saisit d'une main convulsive l'objet de sa convoitise, et s'il parvient à le briser, il vous le montre d'un air de triomphe, et l'œil brillant de joie.

Dans un âge plus avancé, il livre une guerre incessante aux insectes, et surtout aux oiseaux; habile et intrépide dénicheur il fait main basse sur toutes les couvées qu'il rencontre, et bientôt devenu maître dans l'art de dresser des piéges, il sait les diversifier, les approprier aux mœurs, aux habitudes, aux instincts des malheureux qu'il veut attraper. Que d'alouettes, ces délicieuses chanteuses printanières, viennent perdre chaque année la liberté ou la vie sous le collet, le filet et les reflets trompeurs du miroir !

A propos d'alouette, je ne sais quel poète a dit :

Même quand l'oiseau marche on voit qu'il a des ailes.

Cette pensée si joliment exprimée n'est vraiment applicable qu'aux oiseaux qui ne perchent pas. Observez le moineau, la pie, la grive et tant d'autres lorsqu'ils sont à terre ; quelle différence entre leur allure et celle, par exemple, de l'alouette et du hoche-queue ! Ceux-là sautillent assez gauchement, ceux-ci, au contraire, manœuvrent leurs petites pattes avec une telle prestesse que l'œil suit à peine la rapidité de leurs mouvements, ils semblent plutôt glisser que marcher. Et à quel chasseur n'est-il pas arrivé de courir à perdre haleine après une perdrix blessée à l'aile, et qui lui aurait infailliblement échappé, si le chien n'était venu le seconder dans sa poursuite.

Je reviens à mon sujet et je dis qu'un oiseleur est insatiable, que plus il prend plus il veut prendre, que le besoin de satisfaire sa passion le rend implacable et cruel ; or, comme il a bien vite appris qu'un pauvre aveugle cherche à se consoler par des chansons de la privation de la vue, il porte impitoyablement le fer brûlant sur les yeux de la victime qu'il a choisie pour être le complice de ses perfidies. Qui n'a pas assisté à cette chasse aux petits oiseaux, connue dans notre pays sous le nom de brête? quel *bréteur* ne s'est pas vanté de posséder le meilleur pinson aveugle, cette âme de la brête? Quel jeune collégien n'a pas senti son cœur battre en voyant des bandes de linottes et de jolis chardonnerets voltiger au-dessus des buissons, et ne s'est exposé maintes fois à se rompre le col en courant pour s'emparer des imprudents qui s'étaient perchés sur les gluaux? Et j'en appelle à la bonne foi des hommes faits, et de toutes les conditions, sans en excepter le philosophe, ni même le ministre des autels ; ne se sont-ils jamais complus à contempler les malheureux êtres emplumés qu'ils avaient réduits en esclavage, ou placés à la file dans de longues baguettes fendues après les avoir tués, surtout quand ils pouvaient les compter par centaines?

Qu'ils me répondent négativement s'ils l'osent, et

qu'ils me disent enfin si, dans leur impatience, et comme tourmentés d'une sorte de frénésie, il ne leur est pas fréquemment arrivé de se lever plusieurs fois durant la nuit et de courir à la fenêtre pour s'assurer si l'heure n'était pas venue de se mettre en marche et de dresser les engins.

Mais l'enfant a grandi, jeune homme il lui faut des plaisirs plus violents que le miroir, la brête ou la pipée. La chasse à courre et au tir le réclame, il y pense le jour, il y rêve la nuit, et cette arme terrible que l'homme s'est ingénié depuis des siècles à rendre de plus en plus meurtrière, est pour lui le sujet d'une invincible préoccupation, il n'aura de repos que s'il la tient. Fier de la posséder, il la contemple sous toutes les faces, il l'embellit, il la décore comme un précieux joyau; et quand enfin le moment si impatiemment attendu est arrivé, bondissants de joie, lui et son chien, et pleins d'espérance l'un et l'autre, ils s'élancent dans la plaine. Oh! alors que d'émotions, que de péripéties se succèdent et qui feront plus tard la matière inépuisable de joyeux récits! Pour moi, je l'avoue, j'éprouve encore une joie vive et secrète au souvenir de ces jours heureux où les perdrix et surtout les cailles foisonnaient, où un coup n'attendait pas l'autre. Il me semble encore être dans un de ces délicieux moments où le chasseur et le chien, le serviteur et le maître, devenus de vrais amis, se félicitent par des transports de joie et de mutuelles caresses, d'être heureux l'un par l'autre.

La chasse a-t-elle été fructueuse, le jeune chasseur revient-il avec une gibecière copieusement garnie; que les amis, s'ils sont présents, que les parents s'empressent de l'entourer s'ils veulent le voir dans l'enivrement de son bonheur et de sa gloire; malgré un sentiment d'héroïque modestie qu'il affecte en étalant, sans mot dire, tout son gibier sous vos yeux, soyez sûr qu'il saura interroger vos regards pendant cette opération silencieuse, afin d'y surprendre l'étonnement et l'admiration, car le chasseur est rarement philosophe, il aime la louange et qu'on le félicite sur son adresse. J'en ai connu que l'amour-propre rendait stupides, et que le dépit d'avoir été ou moins heureux ou moins adroits que leurs camarades jetait dans un véritable désespoir.

Sommes-nous donc sur cette terre pour exercer sur les autres animaux un tyrannique empire?

Quoiqu'il en soit, nous devons le reconnaître, parmi nos plaisirs les plus vifs la chasse occupe incontestablement une des premières places. Tous ou presque tous nous l'avons aimée avec passion, et lorsque l'âge nous a glacés, que le corps devient pesant, que les jambes nous refusent le service, nos aventures de chasse sont encore la source où nous allons puiser nos plus agréables souvenirs.

Comme tant d'autres je pourrais placer ici le récit d'un nombre fort raisonnable d'histoires de chasse, où l'extraordinaire, le comique et l'imprévu semblent se le disputer, mais je ne me sens pas le courage d'aborder une aussi vaste matière, et d'ailleurs, je l'avoue, plus d'une crainte me retient. Je n'aurais pas terminé une ou deux de mes narrations que je croirais entendre une voix s'écrier : A moi aussi il m'est arrivé de ces traits; qui n'a pas ses aventures et des meilleures à raconter ! Décidément le chasseur est un fastidieux conteur, un rabâcheur. Je laisse donc à d'autres plus habiles que moi cette tâche délicate et périlleuse.

SOUVENIR DE VOYAGE.

ANECDOTES.

Tout le monde connaît la charmante fable de La Fontaine, dans laquelle il nous fait voir un pauvre poltron de lièvre tout fier d'épouvanter des grenouilles. Ce n'est point une fable que j'ai à raconter moi, mais une véritable historiette, où certain lièvre a joué un rôle encore plus éclatant, et je la raconterai avec d'autant plus d'exactitude que j'en suis le principal acteur.

Dans un voyage que je fis en Italie, j'habitai Rome pendant deux mois. Souvent durant mon séjour, il m'arriva de quitter momentanément cette ville pour parcourir ses environs. C'était le jour où j'avais projeté de visiter la petite ville de Tivoli, jadis le séjour et les délices de tant d'hommes célèbres, dont les habitations, on peut le dire, n'existent plus, hélas! que dans le souvenir.

Un ami m'accompagnait dans cette excursion, et nous touchions au terme de notre voyage, lorsqu'une forte odeur de soufre répandue dans l'air nous annonça qu'un petit lac, nommé la *Solfatara*, était près de nous. Effectivement nous ne tardâmes pas à rencontrer le ruisseau sulfureux qui s'en échappe, pour aller se jeter dans le Teverone, après avoir traversé la route.

A cet endroit je me séparai de mon compagnon qui se rendit directement à Tivoli, et seul je suivis pendant quelque temps, à travers un taillis, le cours de ce ruisseau dans le désir de recueillir, comme souvenirs, de jolies incrustations que l'on rencontre fréquemment sur ses bords.

Il n'y avait pas un quart d'heure que je cheminais en faisant mes recherches, lorsque j'entendis un bruit sourd et caverneux. Le sol volcanique des environs de Rome est miné presque de tous côtés par les feux souterrains; je le sentais trembler sous mes pas, et j'aurais pu croire à un tremblement de terre si ce bruit n'avait été accompagné du son d'une multitude de clochettes fêlées. Tout à coup je vis arriver, au pas de course et la queue en trompette, un immense troupeau de bœufs ; parvenus près de moi ils s'arrêtèrent, formant un demi-cercle et paraissant délibérer ; *leurs fronts larges étaient armés de cornes démesurément longues.*

A cet aspect, je restai muet de terreur, et faisant un effort sur moi : Allons ! dis-je, si notre mort doit être sans éclat, tâchons au moins de mourir en brave !

Et comme si je me fusse adressé à des bandits : Misérables ! m'écriai-je de toute la force de mes poumons, et je me lançai sur eux le bâton à la main. A cette apostrophe méritée, les lâches tournèrent le dos, et se mirent à fuir avec la même vitesse qu'ils étaient venus.

Peut-être ce coup d'audace et d'héroïque désespoir va-t-il m'attirer l'éloge du lecteur. Qu'il attende !

Je revenais tout ému, et l'imagination si fortement ébranlée, que frappant machinalement avec mon bâton sur un buisson, j'en fis sortir un lièvre magnifique que je pris pour un bœuf, et il était déjà loin que je frissonnais encore.....

Cependant ces bœufs, cause d'une frayeur si grande, sont comme les nôtres d'un naturel lent et doux, mais la liberté qu'on leur donne, et l'indépendance absolue dont ils jouissent pendant plusieurs mois, les rendent sauvages et farouches.

Leur grande taille, la couleur de leur poil, généralement d'un gris presque blanc, la longueur extraordinaire de leurs cornes étaient des caractères nouveaux pour moi, et si la fiction m'était permise comme aux poètes, je dirais qu'on pourrait les prendre pour les vieux parents de ceux qui habitent certaines contrées de notre France; mais je ne suis pas poète, j'ai seulement quelquefois observé. J'ai donc cru remarquer que les animaux de cette race, qui se distinguaient par leur haute stature, l'envergure de leur cornes et la grandeur de leur charpente osseuse, vivaient ordinairement au milieu de pâturages dont les fourrages sont abondants et aqueux.

La chimie nous apprendra peut-être, si elle ne nous apprend déjà, que ces végétaux contiennent en plus grande proportion que d'autres les éléments propres au développement de ces parties de l'animal.

Puisque je tiens le lièvre, je ne veux pas le lâcher avant d'en avoir parlé encore quelque temps, et je ne voudrais pas non plus passer sous silence une seconde aventure, assurément peu croyable, pourtant vraie et bien digne d'un récit.

Après avoir recueilli mes souvenirs, interrogé un grand nombre d'amis, enfin après de savantes et laborieuses recherches, j'ai reconnu et constaté que la vie d'un lièvre était une suite non interrompue d'accidents bizarres plus ou moins intéressants, quelquefois tristes et presque toujours comiques; que tout chasseur, tout habitant des champs, avait au moins une histoire de lièvre à raconter, histoire où, quelle que soit d'ailleurs l'habileté du conteur, vous êtes sûr de trouver un côté plaisant. Or, comme je suis grand partisan des causes secondes, j'ai conclu de toutes mes élucubrations philosophiques que cette innocente bête avait été placée sur la terre, comme la perdrix, pour satisfaire les barbares plaisirs de l'homme, exercer son adresse et charmer ses loisirs, et cela posé, j'arrive à l'histoire promise.

On croit généralement que le lièvre ne voit pas devant lui, et qu'emporté par sa course rapide il arrive souvent sur un objet avant de l'avoir aperçu; ce que je vais dire confirme cette opinion.

C'était, si ma mémoire ne me trompe, dans les jours du mois de mai 1832; je me rendais accompagné de l'ami fidèle qui ne me quitte guère, et seulement armé d'une petite canne, vers un champ où l'on pratiquait un labour avec une de mes nouvelles charrues dont je voulais observer le travail.

Je trouvai les deux jeunes gens, auxquels j'avais confié cette affaire, occupés à redresser le soc qui s'était tordu. Ils étaient placés à cette partie du champ connue sous le nom de traversaine, et vulgairement appelée *chintre*. Je m'enquérais des causes de l'accident, n'étant séparé d'eux que par un petit sentier de la largeur d'un pas, lorsque mon chien fit partir un lièvre, qu'il poursuivit en aboyant pendant quelque temps, et je n'y pensais plus quand tout à coup je le vis revenir sur ses pas en suivant le sentier dont j'ai parlé.

Sans dire mot je me tins sur mes gardes, et bientôt le lièvre arriva; d'un coup de canne lancé à sa rencontre je le frappai sur le devant de la tête, il culbuta, et resta mort sur la place, sans avoir eu le temps de pousser un soupir. Je le saisis et d'un tour de main rapidement exécuté je le cachai derrière moi, puis je me redressai et repris la conversation comme si de rien n'était. Tout s'était passé sans que mes gens occupés à la réparation de la charrue se fussent doutés de la moindre chose.

Quelques instants après je demandai à l'un d'eux, me gardant bien d'y attacher quelque importance, s'il n'entendait pas encore la voix du chien : Ah! me répondit-il en riant, ils sont, le lièvre et lui, au moins à une lieue s'ils courent encore. — Eh bien !

repris-je d'une voix accentuée et comme prophétique, ils ne sont peut-être pas aussi loin que vous
croyez. Tenez! par la vertu de ce bâton magique,
le lièvre va passer dans cette main, et en disant cela
je le leur montrai tenu par les oreilles.

A cette apparition mes hommes restèrent ébahis,
silencieux et comme pétrifiés. Je m'attendais à cette
stupéfaction. Dans la crainte de me trahir et pour
jouir plus longtemps de leur surprise, je m'éloignai
sans ajouter une parole.

Le coup si justement appliqué n'avait pas seulement porté sur la tête de l'infortuné quadrupède,
l'affaire ne tarda pas à transpirer.

On l'avait racontée avec cet air que l'on apporte
dans le récit des choses extraordinaires et mysté-
rieuses, et l'on ne m'abordait plus qu'avec le respect mêlé de crainte qu'inspirent aux villageois les
gens qu'ils croyent en possession de pouvoirs oc-
cultes. On me fit donc l'honneur de me prendre
pour un sorcier.

Eh bien! je le demande à présent, ai-je eu tort
de dire en commençant que la vie d'un lièvre était
fertile en accidents bizarres, tristes et souvent comiques. Je ne sais si je m'abuse, mais il me semble
que dans cette courte et fidèle narration on doit,
avec de la bonne volonté, trouver un peu de tout

cela, et cependant, circonstance notable, à peine avais-je eu le temps de connaître avant sa mort le malheureux si fatalement tombé sous la main de son meurtrier. C'était un vieux routier, et par conséquent, je l'affirme, le héros de bien des histoires déjà racontées par les chasseurs et les braconniers du pays.

Parlerai-je maintenant des mœurs du lièvre, qu'en dirais-je qu'on ne sache? mais dans tous les cas si j'en parlais, ce serait pour le défendre contre ses ennemis : rude tâche que je m'imposerais là, car ils sont nombreux. N'importe! je l'ai moi-même trop mal traité jusqu'à ce jour, je dois faire acte de contrition et rompre une lance en sa faveur.

Partout j'ai entendu réciter ce vers de La Fontaine :

Cet animal est triste et la crainte le ronge.

et chaque jour le monde dit et répéte : *le lièvre est poltron, il a fui comme un lièvre,* ou simplement : *c'est un lièvre.* Eh bien, je dis, moi, que le monde a tort.

Comment! un pauvre diable inoffensif, qui n'a d'amis sur cette terre que ses yeux, ses oreilles et ses pieds, vous lui feriez un crime de s'en servir

pour éviter les embûches de toute sorte et inces-
samment dressées sous ses pas! y pensez-vous?
Pour l'accuser ainsi vous êtes-vous jamais mis à sa
place? car enfin avant de juger les autres j'ai ouï
dire qu'il fallait être bien sûr de soi.

Ah! je voudrais bien vous voir, avec une douzaine
de grands diables de chiens aboyant à vos trousses,
et pendant une ou deux heures le bruit perçant du
cor dans vos oreilles, pour vous apprendre que
votre fin approche, et juger de la mine que vous
feriez à pareille fête, et savoir enfin si vous trouve-
riez charmant qn'on vînt vous dire, après vous avoir
promené de la sorte : *il a toujours l'oreille au guet,
il dort les yeux ouverts*, et cent autres imperti-
nences.

Voyons, sérieusement que prétendez-vous? vous
qui l'accusez de poltronnerie. Voudriez-vous par
hasard qu'il déployât la fierté et le courage du lion?
Ah! s'il portait gueule et griffe comme ce gaillard-
là, je vous comprendrais, et peut-être alors n'irions-
nous pas aussi souvent l'insulter jusqu'à sa barbe.
Mais il n'en est pas ainsi, vous le savez, il n'a pour
se défendre que ses quatre jambes, et vous voudriez
qu'il tranchât du lion. Allons! cela serait absurde.
Ici je pourrais m'arrêter, mais je veux vous con-
fondre, oui, par vos propres yeux, je veux vous

prouver que le lièvre est gai, aimable, spirituel et brave comme un Français ; cela vous étonne ? Écoutez-moi donc !

Dans votre enfance et même dans votre âge mûr, plus tard encore, vous vous êtes arrêté, j'en suis sûr, devant un de ces théâtres en plein vent, dont presque tout le mobilier se compose d'une table et d'un coffret. De ce petit meuble, destiné à renfermer l'acteur et son costume, n'avez-vous pas vu souvent sortir un lièvre, qui d'un bond s'élance sur la table, et là, accroupi, prête une oreille attentive aux questions et aux ordres de son maître. Mon ami, lui dit-il, on assure que vous êtes triste ! et le lièvre de danser et de battre la caisse ; que vous êtes d'humeur inquiète, que la chute d'une feuille vous fait trembler ! Et le lière de frotter et retrousser sa moustache avec cet air dégagé que l'habitude de braver le danger peut seule donner... que vous êtes poltron ! A ces mots prononcés d'une voix tonnante, le lièvre dresse les oreilles et porte la patte sur l'arme, hélas ! souvent l'instrument de son supplice. Feu ! lui crie-t-on, et le coup part sans qu'un seul brin de son poil ait témoigné de la moindre émotion. Et quand le nuage de fumée qui l'enveloppe s'est dissipé, vous le retrouvez à son poste, calme et modeste et prêt à recommencer.

Est-ce assez, dites-moi, êtes-vous convaincus? Non! je le vois, des plaisanteries aussi cruelles qu'imméritées vont reprendre leur cours.

Décidément il faut croire à la malignité des hommes.

Avant de reprendre mon récit sur les mœurs
et le caractère des oiseaux, je désire appeler encore une fois l'attention sur l'organisation de ces
êtres privilégiés.

La structure interne de ces admirables machines aériennes, n'est pas moins intéressante que
leur conformation extérieure. Chaque partie de
ce merveilleux organisme, nous montre avec
quels soins, avec quel art infini la nature a tra--
vaillé son œuvre. Buffon, dans son discours sur
la nature des oiseaux ; Camper, dans la narration
de ses ingénieuses expériences sur la conformation de leurs os, nous font voir clairement que
cette grande ouvrière n'a rien négligé pour l'ac-
complissement de son dessein.

Par une analyse des travaux de ces deux maîtres, je pourrais satisfaire jusqu'à un certain point la curiosité de quelques esprits, donner l'explication d'un grand nombre de faits. Deux motifs m'en empêchent, d'abord je n'apprendrais rien à ceux qui les connaissent : et je veux laisser à ceux qui les ignorent le plaisir entier d'une lecture aussi attrayante qu'instructive. Je dirai seulement que l'œuvre de Camper est le complément indispensable de celle de Buffon, qu'il faut les connaître l'une et l'autre, si l'on veut avoir une idée claire et complète du rôle et de la destination de chaque partie dont est formé le squelette d'un oiseau, et que parmi les ouvrages de la nature dont tous les éléments qui les composent doivent concourir à la réalisation d'une même fin, le corps d'un oiseau de haut vol, est assurément un des exemples les plus parfaits.

UN SÉJOUR

DANS UNE CAMPAGNE DE L'ANJOU.

———

Conversation sur les oiseaux d'eau. — De l'effet de l'eau
dans les paysages et les jardins.

Vers le milieu d'octobre, mois aimé des peintres, j'étais allé passer quelques jours dans une
habitation située sur le versant d'une colline, au
milieu de l'une des plus belles vallées de l'Anjou.

Peu d'instants après mon arrivée, je parcourais
le parc; j'étais impatient de connaître le jardin,
dont j'avais entendu plus d'une fois vanter la ma-
gnificence ; l'on ne m'avait pas trompé, le paysage
que j'eus bientôt sous les yeux me ravit.

En avant et à quelque distance d'un antique

manoir assez bien conservé, commençait une immense prairie, le gazon nouvellement fauché offrait cet aspect que l'on a si souvent et si justement comparé à un velours couleur d'émeraude ; l'eau claire et transparente d'une fontaine coulait lentement et à pleins bords dans une petite rivière dont l'art avait creusé le lit et dessiné les contours. Sur chacune de ses rives sinueuses s'élevaient de nombreux massifs, de forme et de grandeur différentes, et composés d'arbres et d'arbustes diversement teintés.

Des échappées habilement ménagées, permettaient à la vue de pénétrer et de s'étendre au loin sur des collines presque entièrement couvertes de vignes au feuillage empourpré, et d'ajoncs aux fleurs d'or.

Des cignes, des hérons, des goëlands, des bandes de canards et de sarcelles et d'autres oiseaux d'eau animaient le paysage. Leur chant, leur vol, leurs courses augmentaient le charme que donnait à ce séjour champêtre l'image, réfléchie par les eaux, d'une partie du ciel que le soleil sur son déclin peignait de rose. La scène prenait à chaque instant un aspect nouveau, sous les contrastes multipliés de la lumière et des ombres.

Près de moi, je le vois encore, se dressait un chêne, un de ces centenaires dont nul monument, à mon gré, n'égale l'imposante majesté. Son ombre couvrait l'espace entier de la prairie où il vivait isolé. Son épais feuillage, lisse et glacé, était resplendissant. De son tronc colossal, enveloppé d'une épaisse et dure écorce, s'élançaient vers le ciel d'immenses rameaux. Il semblait dire : Je suis à l'abri de tout, je ne crains rien, je puis tout défier ; et sa vue me rappelait ces admirables vers d'un admirable poète :

Immota manet... .... multosque nepotes,
Multa virum volvens durando sæcula vincit,
Tum fortes latè ramos, et brachia tendens,
Huc illuc media ipsa ingentem sustinet umbram.

Cependant arrivent trois villageois, chacun munis d'une bèche et d'une cognée qu'ils déposent au pied du *superbe géant*. Puis le lendemain quelques coups portés sur les énormes racines qu'il avait jetées dans le sol comme des ancres, pour s'y fixer, le firent chanceler ; bientôt un long sifflement de l'air annonce qu'il tombe, et l'écho répète au loin le bruit de sa chute éclatante. Et j'allais réfléchissant comme tant d'autres sur la fragilité de la puissance et de la beauté, lorsque j'aperçus en position d'observateur un ancien commensal du propriétaire. C'était, je le savais, un ornithologue émérite et passionné, et depuis longtemps je désirais le questionner. Bientôt je l'eus rejoint, et après avoir échangé ces quelques mots de politesse bannale que l'usage a consacrés :

— Je voudrais bien savoir, lui dis-je, pourquoi les oiseaux d'eau ont une physionomie et un chant particuliers qui les distinguent ?

— Vous voulez dire sans doute, répondit-il, que la plupart d'entre eux ont l'air mélancolique, et que leur voix exprime la tristesse ?

— Précisément.

— Croyez-vous aux causes finales ?

— Sans doute.

— Avez-vous étudié l'anatomie et la physiologie ?

— Très-peu, je l'avoue, et je le regrette.

— Je dois donc vous apprendre qu'il y a dans l'organisme de *tous les êtres* un certain nombre de muscles et de nerfs qui correspondent et sont comme liés aux différentes affections de la partie sentante, ou de l'âme, quel que soit d'ailleurs le lieu du corps qu'il nous plaise de lui faire habiter ; et de même que les cordes de quelques intruments rendent différents sons, ces nerfs sont destinés à traduire nos diverses impressions. Nous avons des nerfs qui expriment la joie, d'autres la tristesse, d'autres sont pour la crainte, d'autres encore pour l'espérance ; que vous dirai-je ? c'est en un mot, un véritable clavier, mis par la nature au service de nos passions et de nos sentiments. *Dans chaque passion,* dit P. Camper (et il le prouve), *il y a certains nerfs qui sont particulièrement affectés.* Vous saviez cela, peut-être ?

— Si je l'ai su, je l'avais oublié.

— Eh bien! si ce que je vous rappelle est vrai, comme je le pense, ce qui vous paraissait un secret va bientôt, je l'espère, devenir l'évidence.

— Voyons !

— Lorsque vous avez eu pendant longtemps sous vos yeux une mer sans limites, n'éprouvez-vous pas à la longue un sentiment de fatigue et d'ennui ?

— Cela, j'en conviens, est incontestable.

— Mais si la tempête surgit, si les flots soulevés par la fureur des vents viennent se briser avec fracas contre les rochers, si enfin la nature prend un aspect sinistre, n'éprouverez-vous pas alors un sentiment d'épouvante que vous exprimerez par vos regards et par des exclamations de tristesse et d'effroi.

— Je ne puis le nier.

— Ainsi vous ne doutez pas, je suppose, que vos nerfs aient été ébranlés, dans l'une et l'autre situation ; vous sentez également que les uns n'ont pas été affectés en même temps et de la même façon que les autres ?

— Oui, je conviens de tout cela.

— En faut-il davantage, dites-moi, pour être, sinon convaincu, du moins pour croire comme très-probable que si les oiseaux d'eau sont ordinairement tristes et font entendre des accents plaintifs, c'est que les sentiments qui mettent *certains* de leurs nerfs en jeu sont analogues à ceux que vous avez éprouvés en présence des choses dont ils sont journellement les témoins? Voilà, direz-vous, raisonner par analogie. Mais l'analogie n'est-elle pas une source de vérité? Qu'en pensez-vous? Quoi! vous vous taisez, n'êtes-vous pas satisfait de mes explications?

— Ne donnez pas, je vous prie, cette interprétation à mon silence; mais, permettez, je vous ai bien et attentivement écouté; dans tout ce que vous venez de dire, il n'a pas été question le moins du monde de l'*instinct :* cela m'a frappé.

— Ah! vous vous attendiez que j'aurais employé le mot pour vous donner l'explication du fait. Qu'à cela ne tienne, et qu'importe qu'on l'explique par l'instinct ou que pour l'expliquer on n'en dise rien, si l'on arrive au même résultat? Et qu'est-ce donc que l'instinct? Est-ce une force aveugle, un sentiment, une habitude, une sorte d'intuition rapide comme l'éclair? Avouons-le, ni vous ni moi ne le savons guère. Au demeurant, ce que j'ai dit vous paraît-il clair, logique, conséquent, et surtout point contraire au bon sens?

— Oui, je le confesse; mais encore une simple observation. En vous appuyant sur l'analogie, vous pensez donc, si je ne me trompe, que les animaux, y compris les oiseaux en question, sentent comme nous, et puis, admettant même cette preuve, êtes-vous bien sûr que nous devions attribuer cet air triste et ces accents de tristesse à un sentiment d'affliction? Est-ce bien là la véritable cause?

— Eh! pourquoi, s'ils vivent de la même vie que nous, ne sentiraient-ils pas de même? N'avez-vous pas remarqué, comme moi, chez tous les animaux, cet air morne, cet état de stupeur et d'anxiété à l'approche d'un orage, d'une éclipse, ou d'un tremblement de terre et leur changement d'attitude sitôt que la lumière et la sérénité du ciel ont reparu? Vous me demandez s'il ne serait pas possible d'assigner à ces effets une cause plus vraisemblable que le sentiment; je ne le conteste pas et l'accueille d'avance si elle me satisfait davantage. En attendant permettez-moi de le redire, ce que les animaux expriment comme nous, je crois qu'ils le sentent comme nous, que nous avons comme eux et qu'ils ont comme nous l'instinct et le sentiment, qu'ils ont comme nous des nerfs et des muscles à l'aide desquels ils manifestent leurs impressions, et que si mon explication n'a point choqué votre raison, elle en vaut bien une autre.

— J'en demeure d'accord, mais...

— Ah! oui ; vous allez revenir à l'instinct. Eh bien! l'instinct, voyez-vous, n'est peut-être qu'un mot mal défini, souvent mal compris et presque toujours employé pour expliquer ce qu'on n'explique pas. Pour en finir, si vous le trouvez bon, j'ajouterai une réflexion de Voltaire, car ce diable d'homme a souvent des aperçus si justes et si fins, et il est toujours si clair, qu'il fera longtemps encore le désespoir de bien des gens :

« Qu'est-ce que cet instinct, dit-il, qui gouverne tout
» le règne animal et qui est chez nous fortifié par
» la raison ou réprimé par l'habitude ? Est-ce *divi-*
» *nœ particula aurœ*? Oui sans doute, c'est toujours
» quelque chose de divin ; car tout l'est ; tout est l'ef-
» fet incompréhensible d'une cause incompréhensi-
» ble, tout est déterminé par la nature. Nous raison-
» nons de tout et nous ne nous donnons rien. »

— Ah ! il a dit cela Voltaire ?

— Oui, vraiment.

— Eh bien! je vous l'avoue, j'en suis fort aise ; puisque Voltaire fait de l'instinct quelque chose de divin, je pouvais bien me permettre d'en faire, comme il l'a fait ailleurs, quelque chose comme le génie.

Telle fut en substance notre conversation sur les oiseaux d'eau. Si je l'ai rappelée, ce n'est pas qu'elle me paraisse à l'abri d'objections. Et d'ailleurs le sujet est loin d'être épuisé. Qu'on me démontre la fausseté d'une opinion, très probable à mon avis, je m'en réjouirai; car ici, comme en tout, je cherche la vérité.

Puisque je viens de parler des oiseaux d'eau, il m'a semblé qu'on ne trouverait pas hors de propos quelques réflexions qui sont venues naturellement se présenter à ma pensée. Je veux parler de l'effet magique des eaux sur l'ensemble d'un paysage.

Il est bien rare que dans leur description d'un site imaginaire, les romanciers et les poètes, oublient de placer un ruisseau, un lac, une rivière ; parce que tous, ceux-là surtout qui comprennent vraiment le beau, sentent que sans la présence de l'eau, la beauté d'un paysage, quels que soient d'ailleurs les accidents et la variété des objets, n'est jamais parfaite. Il faut de l'eau pour la compléter. — Que sont les prés, les bois, les champs, dans un paysage? si l'eau n'y est pas, la nature l'appelle, on dirait qu'elle a soif. Faites qu'elle paraisse, aussitôt la scène change, tout sourit, tout s'anime, la vie se répand et circule dans les moindres choses.

Ils ont raison de voir et de s'exprimer ainsi. Mais cette appréciation, j'ose le dire, est vague, manque de précision et ne satisfait point ; on n'y voit pas la véritable cause du juste sentiment qu'ils éprouvent.

Assurément je ne suis ni romancier, ni poète, ni peintre ; mais depuis mon enfance, et toujours avec un nouveau plaisir, j'ai souvent fixé et mon attention et mes yeux sur des sites divers, et maintes fois il m'est arrivé de m'adresser cette question : *Pourquoi ce pays d'ailleurs si riche en contrastes n'a-t-il pas pour moi le même charme que celui dont je me suis éloigné il y a quelques jours avec tant de regret?* Parce que, dirai-je comme les romanciers et les poètes, *l'eau était là*, et qu'elle manque ici; je sentais la vérité du fait, mais le pourquoi, je cherchais, et ne pouvais me l'expliquer.

Un jour, après un longue course de chasseur, j'étais allé me reposer sur le penchant de l'un des coteaux les plus élevés et les plus rapides qui bordent les rives de la Sarthe ; de là, je contemplais un immense et magnifique tableau ; la rivière qui coulait lentement, à quelques centaines de mètres au-dessous de moi, traversait, dans les replis de son cours, des prairies éclatantes de fraîcheur ; ses eaux calmes, que nulle brise n'agitait, me renvoyaient l'image du ciel et du paysage comme l'eût fait le miroir le plus pur. La question qu'en pareille situation je m'adressais toujours devait revenir, et, dans mon impatience de ne pouvoir obtenir l'explication cherchée, je plaçai ma main, sans trop y réfléchir, sous mes yeux ; ainsi elle servit d'écran et me déroba le cours de l'eau, sans enlever à ma vue aucune des autres parties du tableau, et je vis au même instant que j'avais enlevé au paysage toute sa grâce et sa plus belle parure. Ainsi, me dis-je, si l'eau claire et transparente de cette rivière perdait tout à coup sa limpidité, devenait trouble, sans éclat, presque noire, ce changement produirait certainement l'effet que l'interposition de ma main a produite : l'eau serait là comme si elle n'existait pas. Ce fut pour moi le trait de lumière, j'avais le mot de l'énigme, et voici mon explication :

Si l'eau est la vie, l'âme d'un paysage, c'est parce qu'elle est douée de la propriété de réfléchir, et qu'elle réfléchit surtout ce qu'il y a de plus beau et de plus vivifiant dans la nature, le ciel et la lumière ; c'est, qu'il me soit permis d'expliquer ainsi ma pensée, parce qu'elle fait descendre *le ciel sur la terre.*

Cette explication sera-t-elle du goût de tout le

monde, je ne le prétends pas, et pourtant quelles
raisons pourrait-on m'opposer ? je ne puis les prévoir. Que l'on veuille bien y réfléchir, et l'on verra
peut-être que j'ai touché la vérité.

LE GOELAND.

Les Goëlands sont des oiseaux d'eau ; ils habitent les îles et les rivages de la mer, et principalement les mers du Nord où on les rencontre en troupes innombrables.

Souvent on les voit à des distances fort éloignées des côtes. Les naturalistes en comptent plusieurs variétés ; la plus commune a un plumage d'un fond gris blanchâtre, marqué de larges taches d'un brun foncé, presque noir, et sa grosseur égale presque celle d'une forte poule.

Ils se nourrissent de vers, de mollusques, de poissons, et de la chair d'autres animaux ; ils s'abattent par bandes sur le cadavre des poissons échoués sur les rives, ils les dépècent avec une avidité gloutonne, et se disputent leurs lambeaux avec acharnement. Il n'est personne qui n'ait pu les observer, soit dans les rues des villes maritimes, où ils sont élevés par les habitants, et qu'ils parcourent, en donnant des preuves réitérées d'une singulière et provocante familiarité, soit dans la plupart de nos jardins botaniques, où on les fait venir à l'effet de protéger les petites plantes et les semis qu'ils débarrassent des insectes et des vers.

Comme la plupart des oiseaux d'eau, le goëland a la voix plaintive, et les accents que lui arrachent la crainte ou la colère, sont affreusement âcres et criards.

J'ai élevé il y a quelques années, trois de ces oiseaux qu'un ami, habitant de Paimbœuf, avait eu la gracieuseté de m'adresser. Lorsqu'ils me parvinrent, ils étaient fort jeunes, et à peine couverts de leurs premières plumes.

Aussitôt qu'ils furent sortis du petit panier où ils étaient renfermés ils jetèrent des cris d'affamés, en ouvrant un bec profondément fendu. N'ayant pas de poissons à ma disposition, je leur fis distribuer d'énormes morceaux de chair crue qu'ils engloutirent, ce qui me fit croire qu'on les élèverait facilement : je ne fus pas trompé dans mon attente.

Et ils étaient à peine âgés de deux mois, que tourmentés par le besoin de l'eau, ils ne tardèrent pas à découvrir une petite mare entretenue par l'eau des toits; une fois qu'ils l'eurent connue, ils ne la quittèrent plus. Cela ne m'étonna pas, et me parut être la conséquence naturelle de leur organisation.

Mais si je supposais qu'ils y étaient attirés non seulement par le désir et le besoin de se baigner, et aussi par la certitude d'y trouver des insectes, j'étais loin de prévoir qu'ils sauraient appliquer à cette recherche la méthode pratiquée par les pêcheurs, lorsque ceux-ci foulent avec leurs pieds un sol humide, afin d'en faire sortir les vers dont ils amorcent l'hameçon. Ce ne fut donc pas sans un sentiment de vive curiosité que je vis un jour mes trois goëlands piétiner et fouler les rives de la mare avec leurs pattes et à la manière des vendangeurs.

D'abord j'attribuai ce mouvement alternatif et rapide à une gêne, à des blessures occasionnées par des pierres tranchantes ou quelques morceaux de verre. Je me trompais; une observation plus attentive me fit bientôt découvrir la vérité. Je reconnus que ce piétinement n'avait d'autre cause et d'autre fin que de faire sortir de terre de petits vers que mes oiseaux saisissaient aussitôt qu'ils paraissaient à la surface de l'eau, et je pensai (réfléchissant à cette manœuvre) que si nous étions moins infatués de notre supériorité sur les autres êtres, nous avouerions qu'en bien des choses les animaux ont été et sont encore nos maîtres, et que nous les imitons beaucoup plus qu'ils ne nous imitent.

Le retour de la saison des pluies et des tempêtes vint mettre un terme à mes observations. A cette époque mes goëlands se montrèrent singulièrement agités, et comme tourmentés d'une vague inquiétude; au moindre changement de température, et surtout si le vent s'élevait et que le temps devînt sombre et pluvieux, vingt fois dans la journée ils prenaient leur vol, allaient, venaient, et décrivaient en criant de longs circuits autour des bâtiments, puis revenaient au lieu de leur départ. Si bien que, par un jour de grandes bourrasques, ils s'élevèrent si haut et volèrent si loin, qu'ils aperçurent la rivière. Dès ce moment je dus leur dire un dernier adieu; à la vue de leur élément, ils oublièrent et quittèrent probablement sans regret le lieu où ils avaient passé leur enfance. Ils se réunirent à quelques bandes de canards domestiques, où ils furent aperçus pendant quelques jours, puis vint le moment où ils disparurent pour toujours, un excepté, qui, je ne sais comment, mais pour son bonheur, vint élire domicile dans la demeure d'un pêcheur du joli bourg de Villevêque, où la facilité qu'il trouva de satisfaire journellement et à souhait ses goûts et son avidité, l'a définitivement fixé.

LA CHEVÊCHE

J'entends les accents plaintifs de la chevêche, le printemps va bientôt renaître! Bizarre contraste! c'est un oiseau de nuit qui nous annonce un des premiers, d'une voix triste et mélancolique, et du creux d'un vieil arbre, le rajeunissement de la nature et le retour des beaux jours.

Plus petite que le chat-huant, la chevêche lui ressemble presque en tout : mêmes habitudes, même physionomie; ainsi que lui elle fait la chasse aux mulots, aux souris, aux insectes, on la voit plus souvent auprès de nos demeures, et elle redoute moins l'approche de l'homme.

Elle annonce son arrivée par un cri perçant, semblable à un coup de sifflet. Observez-la, elle descend bientôt sur le sol de l'arbre où elle est venue se placer, d'abord elle reste quelques instants immobile au même endroit, puis tout à coup elle marche rapidement, s'arrête, regarde la tête penchée en avant, afin que ses regards rasent la terre, et pour mieux apercevoir le petit animal qu'elle veut attraper. Son espoir est-il déçu, elle reprend son vol, se reperche au même lieu ou à quelque distance, soit sur un autre arbre, sur la crète d'une muraille ou le faîte d'une maison, revient à terre et recommence plusieurs fois dans le même but le même exercice.

Sitôt que le jour baisse, elle se met en quête et continue de chasser durant toute la nuit. Mais elle redouble d'ardeur par un temps calme, alors que la température s'est radoucie et que la lune épanche sur la terre une douce lumière. Cela s'explique, car c'est aussi dans ces jours que les animaux dont elle se nourrit sortent de leurs retraites, et vont eux-mêmes chercher leur nourriture.

De même que le hibou, la chevêche paraît être l'ennemie des autres oiseaux ; — comme lui aussi elle est en butte à leurs persécutions pendant le jour, lorsqu'ils la rencontrent.

Il y a peu de chasseurs qui n'aient entendu parler de la chasse *à la chouette* et plusieurs certainement la connaissent. C'est assurément une des plus curieuses. Vous êtes-vous emparé d'une *chouette*, mettez-vous sous une petite cabane faite d'une toile verte et transportable, ou si vous le préférez, simplement construite de branches feuillues et entrelacées de manière à vous bien cacher ; armez-vous d'une pincette mobile, facile à faire jouer, et près de cet instrument attachez votre chouette : toutes choses qu'il faut savoir faire et diriger avec habileté et que je ne puis décrire ici ; mais supposez que cela soit et vous verrez merveille, je vous le promets. En un instant vous serez entouré et vous entendrez les cris d'une foule de petits curieux ; vous n'aurez pas attrapé l'un, que déjà vous aurez pincé l'autre ; mais qu'ai-je dit là ? pourquoi faut-il exciter le désir et donner des tentations ? Pardonnez, chasseur, cette impardonnable inadvertance ; cependant je ne suis point un mystificateur, non, mais j'oubliais hélas ! tant on est oublieux lorsqu'on a contracté de vieilles habitudes, que cette récréation campagnarde avait été, ainsi que la brête et la pipée, légalement confisquée. Ah ! je vous plains de ne pouvoir, sans être *criminel*, vous procurer l'indicible jouissance de la chasse à la chouette. Faites mieux, croyez-moi, oubliez mon indiscrétion, ne voyez plus dans la chevêche un oiseau créé pour vos plaisirs, mais bien pour votre utilité. — Vous surtout, *amateurs de petits pois*, veillez sur elle, ne permettez pas qu'on l'éloigne de vos semis, car nul jardinier, si soigneux et si attentif qu'il soit, ne saurait, aussi bien qu'elle, les préserver des mulots et des souris, rongeurs avides et très friands.

Et si vous partagez le préjugé (dont quelques localités sont encore infestées) que les chouettes et les hibous viennent pendant la nuit briser le germe de ce délicieux petit fruit que la nature semble avoir choisi comme la première récompense de nos travaux et un encouragement à de nouveaux efforts ; si, dis-je, vous subissez encore cette croyance déplorable, rejetez-la bien vite comme une satanique inspiration. Je me fais un devoir de vous le répéter, la chouette et le hibou ne sont point les destructeurs de vos douces espérances, au contraire, ils sont venus là pour veiller à leur sûreté, pour manger les mangeurs, et si le cri de la chevêche, si ses yeux d'un jaune clair et vitreux nous déplaisent, si en un mot son aspect est repoussant, souvenez-vous que la mine est souvent trompeuse, que les meilleurs amis et les meilleures gens ne sont pas toujours les plus séduisants.

LA FAUVETTE GRISE

TRAINE BUISSON, LA GRISETTE.

Nous possédons dans nos climats un petit oiseau qui, comme beaucoup d'autres, ne nous quitte jamais, et pour cela peut-être y faisons-nous peu d'attention. La couleur grise-violacée de son plumage n'attire point nos regards, mais tout en lui rappelle les plus séduisantes qualités. C'est la douceur et la modestie mêmes. Presque toujours il se tient dans les arbustes, au milieu des buissons, le long des chemins, dans les routes et les haies d'aubépine. On dirait qu'il craint de se confier trop longtemps à ses ailes, car il passe rapidement d'un arbuste ou d'un buisson à l'autre.

Sa voix a quelque chose de tendre et d'insinuant, qui n'a point échappé à nos meilleurs observateurs. Cuvier, qui n'était pas seulement un grand naturaliste, mais encore un homme de goût, l'a baptisé du nom d'*accentor modularis*. Je ne sais si je me fais illusion, pour moi ces deux mots ont toute la suavité et la douce mélodie du chant de l'oiseau, ils me le rappellent.

Le nid de la brunette, du traîne-buisson, de la grisette, car c'est ainsi qu'on nomme l'accentor dans nos campagnes, son nid, dis-je, est facile à découvrir, et la jolie couleur de ses œufs, d'un bleu-vert, devait naturellement exciter l'envie des jeunes dénicheurs. Aussi est-ce un des oiseaux dont l'instinct reproducteur a été le plus souvent et le plus indignement exploité.

J'ai connu et vu bien des enfants qui, chaque jour, en soustrayant de ce nid un œuf qu'ils remplaçaient aussitôt par une petite pierre, avaient obtenu jusqu'à une douzaine d'œufs de la même femelle.

Je n'aurais point rapporté cette cruelle tromperie, si elle ne montrait avec quelle énergie et quelle persévérance la nature veille à la conservation de ses œuvres, et je ne doute pas que l'oiseau dont je parle n'eût été encore plus loin dans son obstination;

car j'ai vu plus, j'ai vu des poules, tourmentées, subjuguées par le besoin de la maternité au point d'épuiser les sources de la vie dans une incubation d'œufs inféconds; plutôt que de l'abandonner elles desséchaient et s'endormaient pour toujours sur leur nid.

L'accentor modularis se voit fréquemment dans les jardins situés au milieu des villes, où, sans le connaître, les citadins aiment à l'entendre, car en toute saison il leur annonce un beau jour par sa gaieté et son chant devenu plus vif.

Il vit et s'habitue très bien en cage, y devient très promptement l'ami d'un oiseau d'espèce différente, qui le rend trop souvent victime de son extrême douceur.

LE ROSSIGNOL DE MURAILLES

OU LE ROUGE-QUEUE.

Ainsi que le troglodyte, le rouge-queue, chante dès la pointe du jour ; il fait son nid dans le creux des arbres, et souvent dans les trous et les crevasses des murailles, et, par ce motif sans doute, il se tient ordinairement dans le voisinage des habitations. Ses œufs sont d'un bleu-vert, et il est difficile de les distinguer de ceux de la grisette. Sa voix est claire et limpide, et le calme d'un beau jour en augmente l'éclat.

Les formes du mâle sont moins allongées, ses couleurs plus vives que celles de la femelle ; sur sa tête, d'un noir grisâtre, brillent comme de légers flocons de neige quatre à cinq petites plumes d'un blanc mat. Cet ornement lui donne une physionomie à la fois agréable et singulière ; mais le mouvement de rapide trépidation qu'il imprime à sa queue quand il se pose, est le trait saillant et vraiment caractéristique de cet oiseau. Fréquemment il se perche au sommet d'un pieux. De là il guette, s'élance, et prend au vol les insectes dont il se nourrit.

Le rossignol de murailles chérit son indépendance, et ne supporte point la captivité. Il apparaît et quitte nos climats en même temps que le rossignol grand chanteur. Il ne fait aucun tort. On ne peut rien lui reprocher. Notre intérêt nous invite à le protéger.

LE HOCHE-QUEUE

OU LA BERGERONNETTE JAUNE ET GRISE.

Il y a bien peu d'oiseaux dont les formes soient aussi sveltes que celles de la bergeronnette, et, pour les peindre, nulle expression française ne peut remplacer le mot latin *gracilis*. Je demande donc la permission de l'employer, comme le seul qui me paraisse justement exprimer l'idée qui nous arrive lorsque nous considérons cet oiseau.

La bergeronnette est la compagne assidue du laboureur. A toute heure et en toute saison, elle arrive et voltige autour de lui, cherchant sous les mottes que la charrue a soulevées les insectes qu'elle affectionne.

Elle ne perche point ; cependant elle aime à se placer sur de petites éminences. Son chant se compose seulement de trois à quatre petites notes précipitées. Son vol est saccadé et par reprises, et, de même que le queue-rouge, chaque fois qu'elle se pose, elle imprime à sa queue un mouvement de bas en haut, d'où lui est venu son nom.

Elle paraît souvent dans les cours, et tout près de nos habitations ; elle y vient faire la chasse aux mouches, et nul oiseau ne peut lui être comparé pour la rapidité et l'agilité des mouvements qu'elle déploie dans cet exercice.

La couleur du plumage des deux espèces de bergeronnettes que nous possédons est connu de tout le monde, je crois inutile de le décrire.

LE BOUVREUIL.

On ne peut reprocher au bouvreuil de tirer vanité de son beau plumage et de son heureux naturel; c'est un oiseau modeste, et sa voix, qui se compose de deux ou trois notes jetées comme un cri doux et plaintif, annonce encore la douceur de son caractère.

Il ne vient guère dans nos jardins qu'au retour du printemps ; il y est attiré par les arbres fruitiers qu'il aime passionnément à ébourgeonner, aussi les jardiniers le voient-ils arriver avec effroi. Il passe le reste de l'année au fond des bois, dans les haies et les buissons, dont il ne sort que pour y rentrer presque aussitôt, après avoir voltigé à l'entour. Il supporte facilement l'esclavage, s'apprivoise en peu de temps, montre de l'attachement, quelquefois une affection touchante aux personnes qui en ont soin. Il est patient, écoute avec beaucoup d'attention les leçons qu'on lui donne. Ce qu'il apprend il le sait bien et le retient longtemps. Cependant sa mémoire n'est pas étendue et ne va pas au-delà de quelques mots et d'airs fort courts. Il est plutôt calme que vif, triste que gai, et généralement silencieux.

Le bouvreuil est un des oiseaux que les poëtes et les romanciers aiment à faire figurer dans leurs tableaux ; il est vrai qu'il en augmente le charme, quand l'écrivain sait le mettre à sa place.

Châteaubriand, dans le *Génie du Christianisme*, a tracé une de ces images que la vue de cet oiseau me rappelle toujours, et je la mettrai sous les yeux du lecteur d'autant plus volontiers qu'elle est pour l'auteur l'occasion de citer *une loi* dont on pourrait peut-être lui attribuer la découverte à d'aussi justes titres que beaucoup d'autres, si toutefois c'est une loi.

« C'est ici le lieu, dit-il, de remarquer une autre » loi de la nature. Dans la classe des petits oiseaux, » les *œufs sont ordinairement peints d'une des cou-* » *leurs dominantes du mâle.* Le bouvreuil niche dans » les aubépines, dans les groseillers et dans les

» buissons de nos jardins, *ses œufs sont ardoisés*
» *comme la chape de son dos.* Nous nous rappelons
» avoir trouvé une fois un de ces nids dans un ro-
» sier. Il ressemblait à une conque de nacre, conte-
» nant quatre perles bleues. Une rose pendait au-
» dessus, toute humide : le bouvreuil mâle se tenait
» immobile sur un arbuste voisin, comme une fleur
» de pourpre et d'azur. Ces objets étaient répétés
» dans l'eau d'un étang avec l'ombrage d'un noyer.
» qui servait de fond à la scène, et derrière lequel
» on voyait se lever l'aurore. Dieu nous donna dans
» ce petit tableau une idée des grâces dont il a paré
» la nature. »

Cette loi n'est pas à l'abri de toute critique, j'a-
voue même qu'elle me paraît très contestable ; mais
ce qui ne l'est assurément pas, c'est la fraîcheur et
l'élégance de cette délicieuse petite peinture.

Avec nos prétentions de perfectionner et d'embellir les œuvres de la nature, nous avons souvent
cherché dans le croisement des oiseaux de diverses
espèces un nouveau produit, qui surpassât en grâce,
en force et en beauté, les individus dont les couleurs et les formes nous avaient frappés. Le bouvreuil ne pouvait manquer d'éveiller ce désir, et
c'est lui je crois, avec le chardonneret, qu'on a le
plus souvent uni avec d'autres espèces. Mais de ces

innombrables mariages accomplis en tous lieux, et peut-être depuis des siècles, il n'est sorti que de tristes sujets, des enfants en tout point et de beaucoup inférieurs à leurs pères.

On ne fait point violence à la nature, elle ne se laisse point outrager en vain. Et comme a dit le plus inimitable des poëtes :

> Dieu fait bien ce qu'il fait.....

Nous devrions nous contenter d'admirer ses œuvres, de les imiter quand cela nous est possible, et surtout ne pas chercher à mieux faire en les corrigeant selon nos caprices. Mais l'homme renoncera-t-il jamais à de folles tentatives ? Non ! Il affirme même qu'il ne produit de belles et grandes choses s'il n'est un peu fou.

Nullum est magnum ingenium, sine aliquâ mixturâ dementiæ.

LE ROITELET.

Bien des fois j'ai rencontré et observé le roitelet;
ses habitudes et ses instincts n'offrent rien de remarquable. Quelques mots suffiront à son histoire.
C'est le plus petit de nos oiseaux, celui dont la voix
est la plus faible et le vol le plus court. Toujours il
grimpe, sautille ou voltige, toujours il est en action;
son mouvement continuel empêche de le considérer à loisir, et s'il ne vous avertissait par son petit
cri qu'il est là sous vos yeux, vous ne vous doute-
riez jamais de sa présence; on ne peut le voir, on
l'aperçoit. Pour le connaître, il faut le prendre et le
considérer de près. Presque tout son plumage est
de couleur olive, mais le sommet de sa tête est orné

d'une espèce de houpe composée d'un petit bouquet de plumes dont quelques-unes, les plus longues, sont d'un jaune clair, et les autres d'un beau jaune doré couleur aurore.

Il est rarement seul; les roitelets se réunissent et vont par petites troupes à la chasse des insectes dont se compose en grande partie leur nourriture, et se tiennent le plus souvent dans les bois.

J'ai tout liéu de croire qu'il ne surmonterait pas plus que le troglodyte les ennuis de la captivité, et je n'engagerai point les orthinophiles à le priver de sa liberté : ce serait l'exposer à une mort prochaine sans la moindre chance pour eux d'une agréable compensation. La nature, en le formant, l'a rendu je crois rétif à toute espéce d'enseignement. Il ne fait aucun dommage, et si mince qu'il soit il peut nous être utile, aussi ne doit-il inspirer que des sentiments d'affection.

LE COUCOU.

Disons d'abord que cet oiseau porte le nom des deux syllabes qui composent tout son chant. Depuis des siècles les mœurs singulières du coucou ont éveillé la curiosité; elles ont été pour les naturalistes le sujet de nombreuses observations et de conjectures plus ou moins raisonnables et fondées.

Toutefois on ne peut révoquer en doute le trait le plus saillant et le plus remarqué de ses habitudes : c'est un fait avéré depuis longtemps que le coucou ne fait point de nid, et que sa femelle dépose ses œufs ou plutôt son œuf dans le nid des autres oiseaux.

Cette singularité a donné naissance à des contes

sans nombre, absurdes et ridicules, que je ne veux point rappeler. Je dirai seulement ce qui me paraît être vraisemblable.

Les uns supposent que la mue de ces animaux s'opère fort tard, et que, par conséquent, ils refont leurs plumes fort tard, vers le commencement du printemps ; qu'ainsi, dans la saison de l'amour, le superflu de la nourriture étant presque entièrement absorbé par l'accroissement des plumes, ne peut fournir que très peu à la reproduction de l'espèce ; que c'est par cette raison que la femelle coucou ne pond ordinairement qu'un œuf ou deux au plus ; que cet oiseau ayant moins de ressources en lui-même pour l'acte principal de la génération, a aussi moins d'ardeur pour tous les actes accessoires tendant à la conservation de l'espèce, tels que la nidification, l'incubation, l'éducation des petits, etc.

D'ailleurs, de cela seul que les mâles de cette espèce ont l'instinct de manger les œufs des oiseaux, la femelle doit cacher soigneusement le sien ; elle ne doit pas retourner à l'endroit où elle l'a déposé, de peur de l'indiquer à son mâle. Elle doit donc choisir le nid le mieux caché. Elle doit même, si elle a deux œufs, les distribuer en différents nids. Elle doit les confier à des nourrices étrangères, et se reposer sur ces nourrices de tous les soins nécessaires à leur entier développement. C'est aussi ce qu'elle fait, en prenant néanmoins toutes les précautions qui lui sont inspirées par sa tendresse pour sa géniture, et en sachant résister à cette tendresse même pour qu'elle ne se trahisse point par indiscrétion. Considérés sous ce point de vue, les procédés du coucou rentreraient dans la règle générale, et supposeraient l'amour de la mère pour ses petits, et même un amour bien entendu, qui préfère l'intérêt de l'objet aimé à la douce satisfaction de lui prodiguer ses soins. Telle est l'ingénieuse explication de Buffon, d'autant plus admissible qu'elle s'accorde avec les sentiments naturels, et qu'il vaut infiniment mieux supposer le bien, surtout lorsqu'il y a autant et plus de raisons pour l'admettre que le mal.

D'autres, au contraire, prétendent que la femelle du coucou ne va pondre que dans les nids où elle trouve des œufs de la couleur des siens, pour mieux tromper la mère; qu'elle revient à ce nid quand les petits sont éclos pour y manger les enfants de la maison et y mettre le sien plus à son aise, et ajoutent d'autres suppositions tout aussi gratuites je pense, mais de nature à faire du coucou un architype d'égoïsme et d'ingratitude.

Cependant, à vrai dire, et quoi qu'il en soit de

ces différentes manières de voir, de deux choses l'une, ou le coucou est un animal de bas et détestables instincts, ou si admirablement doué de qualités aimables et séduisantes, que les autres oiseaux se font comme un devoir et un bonheur de l'adopter ; mais je n'insisterai pas sur ce point de physiologie morale. Quand on cherche la vérité avec l'imagination, on est bien près d'arriver à l'erreur.

N'est-ce pas en cédant au désir de tout expliquer que beaucoup de gens, qui n'y regardent pas de près, ont été jusqu'à croire que le coucou avait le pouvoir de se transformer en oiseau de proie. Frappés des rapports de ressemblance qu'offrent son plumage et son vol avec la couleur et le vol des oiseaux de cet ordre, ils ont préféré le merveilleux à l'étude, aux soins, et, il faut le dire, à la fatigue qu'exige toujours l'observation faite dans l'unique but d'obtenir la vérité.

C'est encore à pareille source qu'il faut remonter pour expliquer l'opinion que cet oiseau humecte certaines plantes de sa salive. En effet quelques arbres et arbustes, tels que le saule et le genet, lorsqu'ils sont en sève et qu'une larve a percé leurs tiges, se couvrent de petits flocons d'écume blanche. N'ayant pu expliquer ce fait, des observateurs superficiels et superstitieux ont jugé tout simple d'en faire du crachat de coucou, et cette erreur s'est enracinée si bel et si bien dans quelques cervelles, qu'un jour, comme je manifestais mon incrédulité à un villageois imbu de cette croyance, il me répondit du ton le plus véhément :—« Vous ne me croyez pas, non! eh bien que diriez-vous si je vous disais que je l'ai vu cracher, oui cracher, et c'est quand il redouble son chant et qu'il dit quatre coucous, quatre coucous, qu'il crache! » A cette affirmation, si énergique et si éloquente, je n'eus point de réponse, et mon homme me crut convaincu.

Il me serait facile de multiplier les preuves de cet imbécile préjugé : je m'en garderai bien; car si la sottise fait sourire en passant, bientôt elle nous révolte.

Le coucou chante souvent en volant, et quand il est perché il poursuit quelquefois très longtemps son chant, qu'il accompagne presque toujours d'un petit mouvement de sa queue et par un battement léger et continu de ses deux ailes.

Vous dirai-je que le coucou est aussi curieux que le loriot, et qu'il arrive promptement quand on le *pipe*? Oui; mais à une condition, c'est que vous ne lui jouerez pas un mauvais tour. Je ne connais pas d'oiseau plus inoffensif. Il ne vit pas longtemps dans nos volières. Bien des essais cependant ont été tentés, mais je n'ai jamais ouï dire qu'on ait réussi.

Nous aimons le coucou au même titre que l'hirondelle ; comme elle nous le voyons revenir avec plaisir, mais son départ nous chagrine moins; il laisse en nous quittant bien des beaux jours après lui. Nous ne l'entendons plus guère passé le mois de juin, il redoute probablement les trop vives chaleurs, et c'est peut-être aussi pour cette raison qu'il préfère les bois, où il trouve à la fois la fraîcheur, de l'ombrage et les insectes dont il se nourrit.

TABLE DES MATIÈRES

ERRATA.

—

ÉCONOMIE RURALE.

Page 37, ligne 5. — Au lieu de : *les animaux*. Lisez : *ces animaux*,

ÉTUDES ORNITHOLOGIQUES.

Page 18, ligne 15. — Au lieu de : *pourrait* avoir ignoré. Lisez : *paraît* avoir ignoré.

Page 76, ligne première. — Au lieu de : Nous les avons, *dit-il*. Lisez : *dirent-ils*.

Page 169, dernière ligne, et page 170, première ligne. — Au lieu de : *c'était un aigle de mer*, *un orfraie, oiseau assez commun dans ces contrées*. Lisez : *C'était un orfraie, un de ces aigles de mer assez communs dans ces contrées*.

Page 171, ligne 5, au lieu de : *dépravations*. Lisez : *déprédations*.

Page 180, ligne 20. — Au lieu de : regardez le *pris* dans le cercle. Lisez : regardez le dans le cercle.